渗碳和渗氮的
新概念及其实际运用

[日] 渡边 辉兴 著

亓海全 李传文 译

北　京
冶金工业出版社
2019

内 容 提 要

本书共 10 章，介绍了构成现有气体渗碳理论基础以及在此基础上产生的以往的作业条件的制定方法；从金属和气体的吸附现象中观察到的结果，即渗碳的化学原理新概念产生的相关内容；通过计算确定气体渗碳以及真空渗碳的作业条件的方法；计算软件中体现的技术性内容和相关事项；各种因素对渗碳条件的影响和基于渗碳新概念而产生的渗碳法构想；与渗碳分属同类技术领域的渗氮淬火和渗氮时效；有关降低热处理变形以及碳氮共渗。

本书主要适合化学热处理专业人员阅读参考，对常规热处理专业技术人员和管理人员也有一定的参考价值。

图书在版编目 (CIP) 数据

渗碳和渗氮的新概念及其实际运用／（日）渡边　辉兴著；
亓海全，李传文译. —北京：冶金工业出版社，2019.7
　ISBN 978-7-5024-8167-4

　Ⅰ.①渗… 　Ⅱ.①渡… 　②亓… 　③李… 　Ⅲ.①渗碳—研究 　②渗氮—研究 　Ⅳ.①TG174.445

　中国版本图书馆 CIP 数据核字（2019）第 107767 号

出 版 人　谭学余
地　　　址　北京市东城区嵩祝院北巷 39 号　邮编　100009　电话　(010)64027926
网　　　址　www.cnmip.com.cn　电子信箱　yjcbs@cnmip.com.cn
责任编辑　杨盈园　美术编辑　彭子赫　版式设计　禹　蕊
责任校对　王永欣　责任印制　李玉山
ISBN 978-7-5024-8167-4
冶金工业出版社出版发行；各地新华书店经销；三河市双峰印刷装订有限公司印刷
2019 年 7 月第 1 版，2019 年 7 月第 1 次印刷
169mm×239mm；10 印张；193 千字；145 页
66.00 元

冶金工业出版社　投稿电话　(010)64027932　投稿信箱　tougao@cnmip.com.cn
冶金工业出版社营销中心　电话　(010)64044283　传真　(010)64027893
冶金工业出版社天猫旗舰店　yjgycbs.tmall.com
（本书如有印装质量问题，本社营销中心负责退换）

译 者 序

热处理已经成为制约我国重大、重型、精密、高端装备质量和性能进一步提升的瓶颈。其中,化学热处理(主要是渗碳、渗氮及其共渗工艺)赋予工件"外硬内韧"的梯度特性,在齿轮、轴类等传动、转动部件的热处理加工中起着不可替代的作用。

长期以来,我国热处理处于装备低端、模式粗放的作业状态,气氛控制渗碳和渗氮、气氛测定、工艺技巧、产品质量及稳定性等均与国外有较大差距。许多国内专业热处理厂商为了确保热处理品质的稳定性,大都从国外购入相关热处理设备,其中以日本、德国、奥地利和法国的最为常见。该译著的日文原版作者渡边辉兴先生长期从事与热处理有关的工作,在渗碳等气氛的实践上积累了近40年的经验,结合深入的理论研究,所开发的工艺和产品(设备)在热处理工业中已大量的应用。

为了帮助更多的热处理从业人员,尤其是经验尚浅的年轻人能够快速且准确地了解掌握渗碳工艺,渡边先生将其一生所学整理成册,于2013年完成了《浸炭と浸窒の新たな概念と実際》一书的编写与出版。译者有幸与渡边先生相识,在表达将该著作在中国国内进行翻译和出版的意愿后,渡边先生十分赞同,认为这是对其个人和热处理行业都有意义的一件事情。

本书中文版能够顺利付梓,还得到了日本特科能株式会社糀泽社长、桂林理工大学材料科学与工程学院、鑫光热处理工业(昆山)有限公司陈吉正副总经理的大力支持和协助，在此一并表示感谢。

　　本书1~5章由桂林理工大学材料科学与工程学院的亓海全副教授翻译，6~10章由鑫光热处理工业（昆山）有限公司的李传文先生翻译，全书译稿由亓海全审校。因时间仓促，加之译者水平有限，书中若有不妥之处，恳请读者批评指正。

李传文

2019.2

推 荐 语

　　渗碳、渗氮或者氮化处理的目的在于使碳原子、氮原子从材料表面渗入到内部，通过增加表面附近的硬度来提高耐磨性、滑动性和疲劳强度等各种特性。从碳含量、氮含量由表面开始发生连续性变化这一点来看，它适用于使用具有功能梯度材料加工的、只要求材料表面处有硬度而心部质软需要韧性的零件。目前，与此相符合的钢铁产品有滚柱齿轮等；今后，其适用范围的进一步扩大值得期待。另外，通过使用这种普遍存在的碳元素、氮元素的固溶强化或者析出强化，能够减少 Mn 等的稀有金属的使用量，在降低成本方面也有很大的吸引力。

　　渗碳、渗氮钢工艺控制技术以及支撑这些技术的金属组织学研究还远不成熟。影响渗碳、渗氮工艺中的碳元素、氮元素的分布的因素包括：与受气氛及流速决定的表面原子之间的化学反应速度，钢中的碳原子、氮原子的扩散速度，以及它们在氮元素有析出强化作用的氮化钢中与铁或者添加的固溶元素之间的析出速度。在拥有充分碳元素的气体气氛中，根据 Fick 第二定律能够容易地控制把钢铁材料置于奥氏体单相区域进行加热时的渗碳。但是，在实际的操作中，渗碳、氮化处理的气氛很难稳定地控制，所以，人们希望能够确立兼顾到这些情况的碳元素、氮元素的浓度分布预测方法。本书汇总了能够简便地解决此课题且与现场操作相契合的气体处理条件制定程序。这是一本热处理技术人员期盼多年的教科书。衷心希望众多的读者阅读本书，为日本热处理技术的发展以及新的钢铁材料的创造做出贡献。

最后，再次向把多年经验努力汇总到本书中的渡边辉兴先生以及为了本书出版给予大力协助的日本特科能株式会社社长桠泽均先生致以敬意。

九州大学研究生院工学研究院
古君 修　教授

前　言

　　笔者于1963年完成学业后参加工作，作为新员工被分配到了热处理工厂。在笔者进入工厂的大约2年前工厂里安装了气体渗碳炉，那时，日本已经开始了液体渗碳向气体渗碳的转换。最初，气体渗碳炉及其相关技术都是从美国引进的，尔后变为国产，设备类型也取得进步，不仅有箱式炉，还出现了连续炉；与此同时，炉内气氛的测量也从利用露点仪的水分（H_2O）测量改进为利用红外线的二氧化碳（CO_2）测量，以及到目前已经普遍使用的利用氧化锆传感器的氧气（O_2）测量。近年来，以减少CO_2和提高品质为目标，真空渗碳日益普及，迎来了渗碳技术的新时代。

　　1975年左右，笔者对通过计算确定气体渗碳工艺的可行性进行了尝试。那时，GM 的 F. E. HARRIS 的渗碳扩散理论（Metal Progress April, 1944）已经广为人知，由此想到如果在此理论基础上再加上气体的反应速度理论应该会有所发现。但是，笔者最终没能使反应速度理论与之相吻合，没过多久就想放弃了，之后，就把这件事忘记了。

　　2000年，以从公司退休为契机，笔者再次从事起了已经时隔15年左右的与热处理相关的工作，然后一边回忆以前的事情，一边开始收集与渗碳有关的技术信息。彼时，由于真空渗碳已经开始普及，与之相关的论文也多有发表，对文献分析之后，突然意识到：渗碳的化学原理是不能用气体的平衡理论及其基于此理论的碳活度来说明的吧，以前之所以不能通过计算求得气体渗碳的处理条件难道不是太拘泥于原有的气体渗碳理论了吗？这时，借助氧化锆的氧探头的气氛控制与以往的借助红外线的CO_2测量相比，气体渗碳的可控性有了显著提高，从真空渗碳的高浓度渗碳这一状况来看，影响渗碳这种现象的因素难道不是金属和气体的吸附吗？之后，笔者调查了金属和气体的吸附现象和催化反应，在将其与实际发生的渗碳状况相结合考虑后，确信渗碳的化学反应的速控过程一定是金属和气体的吸附现象。本书的内容与持续半个世纪以上的、众多技术人员作为渗碳反应的基本原理而认识到的气体的平衡理论以及碳活度这一理论完全不同。本书中对于气体渗碳和真空渗碳都是将气体的吸附现象作为渗碳的基本原理来说明的。渗碳的基本化学原理是否是吸附现象交给各位读者自己来判断。笔者决定出版此书的目的在于，帮助那些不能从经验数据中导出渗碳淬火合理条件的毫无任何经验的工作人员，仅通过简单计算即可求得淬火条件，进而提高生产效率和产品质量。很多情况下，渗碳淬火条件的制定是由经验丰富的技术人员参考过去的数据，再加上其本人的经验诀窍来确定的，对于经验匮乏的技术人员而言，很难参与到此领域中。如果将渗碳淬火的条件制定方法系统地加以手册化，那么，即便是没有经验的技术人员也能够高效率地决定量产条件，而不需要反复尝试。

人们往往容易将渗碳淬火的条件看作是技术性的诀窍，是能够从过去的经验中得到的知识财富。尤其是东南亚地区的专业热处理公司，这种倾向更加强烈。笔者认为，如果是有竞争力的技术和诀窍倒也无妨，但绝不能是井底之蛙类的诀窍。与渗碳淬火条件有关的诀窍是制定此条件的方法本身，已经制定出来的条件只不过是哪里都有的处理条件而已。我们应该想，与其据为己有，倒不如积极地公开处理条件，听取社会上的评价，这种做法更有利于自己公司的技术提升。

出版本书的另一个目的是，如果各位读者理解了作为制定计算软件依据的经验性见解，从而对提升自身技术，尤其是对刚从事热处理工作不久的经验尚浅的年轻技术人员正确理解渗碳的本质而提供帮助的话，笔者将不胜荣幸！另外，笔者也希望本书回归化学的根源，为大家再次研讨渗碳工艺的原理抛砖引玉。本书中详细记载了通过计算确定渗碳和真空渗碳的处理条件的方法和推导出计算公式的依据,扫本书二维码可见。计算公式中使用的基本数值是从日本特科能株式会社生产的箱型滴注式气体渗碳炉以及箱型气体脉冲真空渗碳炉的实际作业中得来的。因此,根据设备厂家、炉体的规格、性能、基本工艺等的不同,计算公式多少会有所差异。但是,笔者认为,参考本书会对各位读者了解求得计算公式的方法和步骤有充分的帮助。大约10年前,本书初稿中的计算公式就已在一部分公司采用,计算值和实际值有很好的一致性。采用本书计算软件制定出来的处理条件进行产品试做时,基本可以满足一般的渗碳淬火品质要求。如果再结合生产能力和品质要求对条件加以完善是能够制定出高效且与目标相一致的量产条件的。

　　本书的构成为:第1章记载了构成现有气体渗碳理论基础的论文以及在此基础上产生的以往的作业条件的制定方法。第2章是出版本书的主要目的,即通过计算确定渗碳条件的方法的摸索过程,详细记载了从金属和气体的吸附现象中观察到的结果,即渗碳的化学原理新概念产生的相关内容。第3章和第4章是通过计算确定气体渗碳以及真空渗碳的作业条件的方法介绍。第5章主要记载了计算软件中体现的技术性内容和相关事项。第6章作为此计算软件的应用实例,分析了各种因素对渗碳条件的影响。再有,第7章中介绍了基于渗碳新概念而产生的渗碳法构想。第8章以后与本书出版的主要目的没有直接的关系,第8章介绍了与渗碳分属同类技术领域的渗氮淬火和渗氮时效,第9章是有关降低热处理变形这一对热处理技术人员而言永恒的话题,第10章记载了碳氮共渗。

微信"扫一扫"
获取本书计算软件

渡边　辉兴

2013 年 8 月

目　　录

1 气体渗碳的基础理论和作业条件的制定

一般而言，现在广为人知的气体渗碳理论，是以 1942~1944 年集中发表的论文为原点，然后被利用到技术开发中直至现在的。渗碳理论的要点在日本热处理技术协会编的《热处理技术便览》中有编辑，请做参考。

本书出版的主要目的是提出有关通过计算确定渗碳淬火条件的方法，针对在推导计算公式过程中想到的渗碳理论，继而提出新概念是本书成书的基本背景。为了使各位读者理解这一新概念，有必要先将其与以往的理论做一下比较，下面介绍目前渗碳理论的要点。

1.1 Fundamentals of Good Carburization

（良好渗碳的基础 Metal Progress，1942.11：P849~855）

1942 年，James K. Stanley（Westinghouse Research Laboratories）提出了渗碳的化学反应式：

$$Fe + 2CO = C_{(in\ Fe)} + CO_2 \ ❶$$

$$CH_4 + Fe = C_{(in\ Fe)} + 2H_2$$

明确了渗碳的活度（activity）与下式有关：

$$K = P_{CO_2}/(P_{CO})^2$$

式中 P——气氛中各种气体的分压。

另外，他还指出，碳在钢中的扩散符合 Fick 扩散定律。

$$C = C_0[1 - \varphi(x/2\sqrt{Dt})]$$

式中 C——x 处的碳，%；

C_0——表面的碳，%；

D——扩散常数；

t——时间，s；

φ——Gauss 的误差函数。

发表了图 1.1.1 所示的渗碳温度及渗碳时间与渗碳深度的关系图，以及图 1.1.2 所示的渗碳后扩散处理的碳量和渗碳深度的关系图。

---

❶ 现在一般的渗碳公式：

C(渗碳剂中碳，无活性)+O_2=2CO；2CO=CO_2+[C]（活性碳原子，溶入铁基体）。

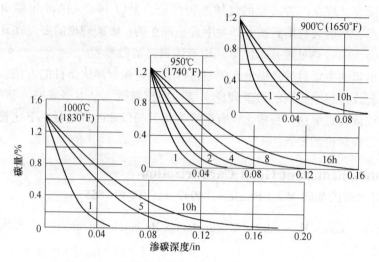

图 1.1.1   渗碳温度及渗碳时间和渗碳深度的关系

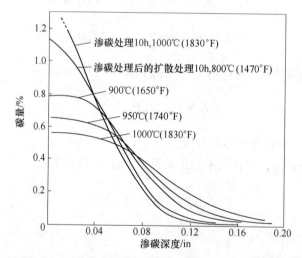

图 1.1.2   渗碳后扩散处理的碳量和渗碳深度的关系

1.2   CASE DEPTH—an attempt at a definition

（渗碳深度的实用性定义 Metal Progress，1942.9：P265~272）

    1943 年，F. E. Harris（General Motors）从 24 个实际作业数据中指出，渗碳条件下，由 Fick 扩散定律计算的数值与实测值之间存在差异，如图 1.2.1 所示。

    图 1.2.1 所示的纵轴将渗碳处理增加的最表面的碳量设为 100%，显示了内部的碳量的增加和表面之间的比较（%）。横轴用百分比形式显示了将实测值的全渗碳深度设为 100% 时的深度。曲线 1 是 Fick 的理论计算值，直线是 100%-

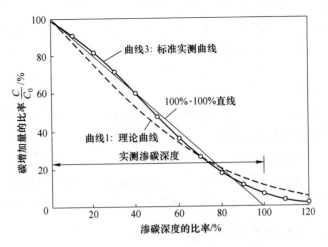

图 1.2.1 渗碳深度的理论值和实测值

100%的连接线，曲线 3 是实测值。

另外，他还从实测值的分析结果补正了理论计算值和实测值的差异，并定义了可供实际运用的渗碳深度的计算公式：

$$CD = 31.6t^{1/2}/10^{6700/T}$$

式中 CD——全渗碳深度，in；

  t——渗碳时间，h；

  T——绝对温度，℉。

并且，他还指出了图 1.2.2 所示的渗碳和扩散的关系，提出了决定渗碳时间和扩散时间比率的方法。

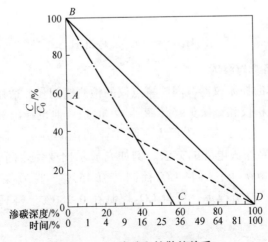

图 1.2.2 渗碳和扩散的关系

　　图 1.2.2 所示的纵轴将渗碳处理增加的最表面的碳量（C_0）设为 100%，显示了内部的碳量（C）的增加和表面之间的比较（%）。横轴用百分比显示了将渗碳+扩散处理的渗碳深度以及处理时间设为 100% 时的渗碳深度及渗碳时间。图中所示的 BC 线是渗碳后的关系线，AD 线是渗碳+扩散后的关系线，说明了 BOC 和 AOD 的面积相等。

　　此论文发表后，在 1 年左右的时间内，F. E. Harris 至少发表了 3 篇论文，对气体渗碳理论的构建做出了贡献。

（1）Maximum Carbon in Carburized Cases（渗碳层的最大碳含量）。

（2）An Analysis of a Typical Carburizing Gradient（典型的碳梯度分布）。

（3）A Formulation of the Carburizing Process（渗碳工艺的定型化）。

1.3　Production Gas Caburising Control

（生产过程中的渗碳控制 Heat Treatment of Metal 1974. 4：P121~130）

　　1974 年，C. Dawes 和 D. F. Tranter（The Lucas Electric Co.，Ltd.）发表了在生产过程中的渗碳控制方法，提出了渗碳的反应式和碳势（C_P）。$\langle C \rangle_\gamma$ 是渗入到奥氏体中的碳，p 是气氛中各种气体的分压。

$$H_2 + CO \Longleftrightarrow \langle C \rangle_\gamma + H_2O \qquad C_P = p_{H_2O}/(p_{H_2} \cdot p_{CO})$$

　　另外，气氛中会出现 $CO + H_2O \Longleftrightarrow CO_2 + H_2$ 的反应，并说明了 p_{CO_2}/p_{CO} 和 p_{H_2O}/p_{H_2} 的比率很重要。他还指出，作为渗碳气体添加的丙烷（C_3H_8）会通过

$$CO_2 + C_3H_8 \Longleftrightarrow 2CO + 2CH_4$$

这一反应提升碳势，进一步，通过

$$C_3H_8 \Longleftrightarrow \langle C \rangle_\gamma + 2CH_4$$

的反应，C_3H_8 直接参与渗碳。

　　关于渗碳气体的控制仪器，因为露点仪的检测时间长，适用性较差，他推荐使用 CO_2 红外线分析仪和氧探头（传感器）；但是，他也指出氧探头在寿命耐久方面的可信度有限。图 1.3.1 所示为实际作业的控制方法，显示了确定控制的 CO_2 的百分比或者氧探头电势的方法。例如它显示出要使表面碳含量达到 0.9% 时，在 2h 渗碳的情况下，可将 CO_2 控制在 0.159%，将氧探头的电势控制在 1.148V；在 4h 渗碳的情况下，可将 CO_2 控制在 0.180%，将氧探头电动势控制在 1.145V。

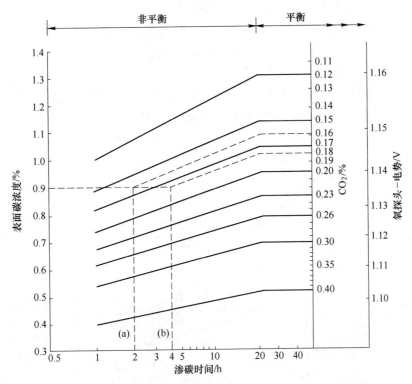

图 1.3.1 表面碳浓度及渗碳时间和 CO$_2$%、氧探头电势之间的关系

(925℃渗碳)

1.4 工业炉气氛检测用碳传感器 AP1

(测量技术'86 增刊号 P197~202)

1986 年，S.T. 约翰生商会株式会社的石田宪孝发表了 Barber Colman Company 生产的耐久性良好的碳传感器（氧探头）的相关论文。此论文中提出了渗碳的反应式：

$$2CO \Longequal C + CO_2$$

$$CO + H_2O \Longequal CO_2 + H_2$$

$$C + 1/2O_2 \Longequal CO$$

认为碳势（C_P）为：

$$C_P = As/K_1 \cdot (p_{CO})^2 \cdot 1/(p_{CO_2})$$

$$C_P = As \cdot K_2/K_2 \cdot (p_{CO}) \cdot (p_{H_2}) \cdot 1/(p_{H_2O})$$

$$C_P = As/K_3 \cdot (p_{CO}) \cdot 1/(p_{O_2})$$

式中　K——渗碳温度下反应式的平衡常数；

As——渗碳温度下奥氏体中的饱和碳含量。

另外，氧探头的电势 E（mV）和 O_2 分压 p_{O_2} 的关系为：

$$E = 0.0215T\ln(p'_{O_2}/p_{O_2})$$

式中　p'_{O_2}——作为比较气体的大气中的氧气浓度。

根据这些相关公式可知露点（℃）和 C_P 值，$CO_2\%$ 和 C_P 值以及 O_2（mV）和 C_P 值的关系，如图 1.4.1~图 1.4.3 所示。

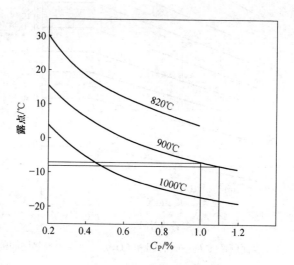

图 1.4.1　露点和 C_P 值的关系

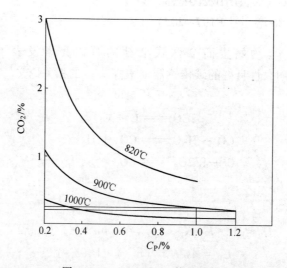

图 1.4.2　$CO_2\%$ 和 C_P 值的关系

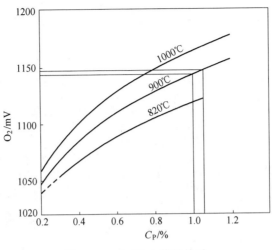

图 1.4.3　O_2 和 C_P 值的关系

以上主要对形成目前气体渗碳理论基础的论文概况做了论述。

1.5　渗碳淬火作业条件的制定方法

现在，以 1.1 节~1.4 节记载的渗碳理论以及与这些相类似的理论为基础制定渗碳淬火的条件。

（1）确认渗碳淬火产品的材质以及处理后的品质要求。

（2）确定满足渗碳深度要求且生产效率最高（处理时间最短）的渗碳温度。

（3）制定与渗碳温度下奥氏体中的饱和碳含量相近的 C_P 值（碳势）。

（4）制定满足表面碳含量、有效硬化深度以及有效硬度的渗碳时间和扩散时间。

另外，多数情况下，因为以前有处理类似产品的作业经验，所以，人们会以那些条件为基础研讨新的作业条件。

2 渗碳的新概念

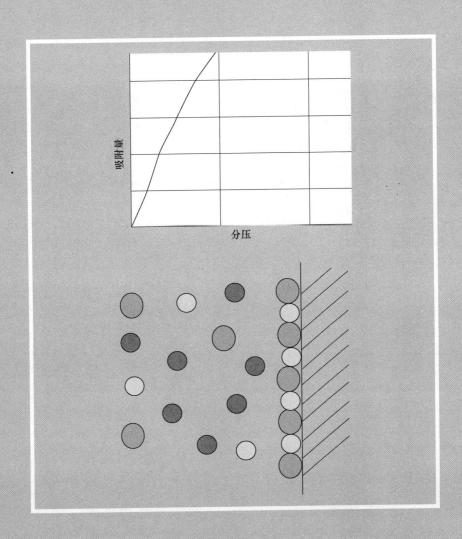

2.1 渗碳的种类

渗碳方法有其历史性的发展过程，其方法大致分类如下：

$$\text{渗碳方法} \begin{cases} \text{固体渗碳} \\ \text{液体渗碳} \\ \text{气体渗碳} \end{cases}$$

现在，除特殊情况外，工业上采用的渗碳法绝大部分是气体渗碳。但是，作为新技术的真空渗碳该如何定位呢？很多人认为气体渗碳和真空渗碳的工艺理论完全不同，但是，真空渗碳是气体渗碳的一种，与以往的气体渗碳一样，基于完全相同的化学机制。与以往的气体渗碳使用碳氢化合物气体进行渗碳一样，真空渗碳也使用碳氢化合物气体，在基本的化学机制上并没有变化。与以往的气体渗碳使用基础气体（载体气）相比，真空渗碳不使用基础气体（载体气）这一点是化学机制上的唯一不同。

如果将真空渗碳也作为气体渗碳的一种加以定位，那么，排除在工业上很少用到的方法，气体渗碳可以进行如下的分类：

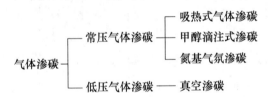

上述是根据炉内的基础气氛进行分类的，但是，使用的基础气体（载体气）的组成有很大的差异，大致情况见表 2.1.1。

表 2.1.1 载体气的构成

气　　体	气体组成/%		
	CO	H_2	N_2
吸热式气体（C_3H_8）	23.1	30.8	46.2
甲醇滴注裂解气体①	33	67	—
N_2 基气体	5~10	20~30	50~75
真空	—	—	—

①反应式的理论值。

分析使用的各种载体气的组成就会发现，载体气的主要目的在于防止大气中的氧气混入，不让其变为氧化性的气氛，而对于一氧化碳（CO）、氢气（H_2）、氮气（N_2）的构成比率并没有特别的限制。另外，表 2.1.1 的气体构成中含有微量的二氧化碳（CO_2）、水（H_2O）以及氧气（O_2）。

2.2 渗碳气体

为了进行渗碳，除了载体气之外，还需要添加渗碳气体（富化气），表2.2.1 为渗碳气体的分类。

表 2.2.1   渗碳气体的种类

分子的结合状态	名称	分子式	结　构
饱和碳氢化合物（单键结合）	甲烷	CH_4	$\begin{matrix} & H & \\ H- & C & -H \\ & H & \end{matrix}$
	乙烷	C_2H_6	$\begin{matrix} & H & H & \\ H- & C & C & -H \\ & H & H & \end{matrix}$
	丙烷	C_3H_8	$\begin{matrix} & H & H & H & \\ H- & C & C & C & -H \\ & H & H & H & \end{matrix}$
	丁烷	C_4H_{10}	$\begin{matrix} & H & H & H & H & \\ H- & C & C & C & C & -H \\ & H & H & H & H & \end{matrix}$
不饱和碳氢化合物（二键结合）	乙烯	C_2H_4	$\begin{matrix} H & & H \\ & C=C & \\ H & & H \end{matrix}$
不饱和碳氢化合物（三键结合）	乙炔	C_2H_2	$H-C\equiv C-H$

表 2.2.1 中的气体根据其元素的结合力的不同，渗碳反应能力和积碳发生的情况也不同。详细情况在下一节中作介绍。

2.3 气体渗碳（以下将常压气体渗碳简单称为气体渗碳）

作为载体气（保护气体）有吸热式气体（RX 气体）、甲醇（CH_3OH）的滴注裂解气体，或者氮气（N_2）和氢气（H_2）的混合气体。这些气体中，量较多的有氢气（H_2）、一氧化碳（CO）及氮气（N_2），量较少的有水分（H_2O）、二氧化碳（CO_2）及氧气（O_2）。对钢材进行渗碳，需要渗碳气体，即添加约为载体气量的几个百分数的丙烷（C_3H_8）或者丁烷（C_4H_{10}）等。作为渗碳气体，C_3H_8 在通入渗碳炉的瞬间（1s 以内）会进行裂解，生成甲烷（CH_4）、乙烯（C_2H_4）、乙烷（C_2H_6）、丙烯（C_3H_6），同时，未裂解的丙烷（C_3H_8）将残留下来。其裂解式如下：

$$C_3H_8 \longrightarrow \alpha_1 CH_4 + \alpha_2 C_2H_4 + \alpha_3 C_2H_6 + \alpha_4 C_3H_6 + \alpha_5 H_2$$

此裂解的实验数据如图 2.3.1 和图 2.3.2 所示（引用文献：富永博夫，等）。碳氢化合物裂解反应的动力学模式 [M] //化学工学，1969，33（第 4 号）。此数据是用 3 倍的 H_2 稀释 C_3H_8 后的实验数据。虽然稀释率不同会对裂解生成比率产生影响，但是，裂解速度和生成物会显示出相同的倾向。图 2.3.1 和图 2.3.2 所示的 C_3H_8 的裂解率，指的是 100mol 的 C_3H_8 中有多少摩尔被裂解了，同时，C_mH_n 的生成率是指，100mol 的 C_3H_8 中生成了多少摩尔的 C_mH_n。另外，数据中去除了稀释的 H_2 气体和裂解产生的 H_2 气体。

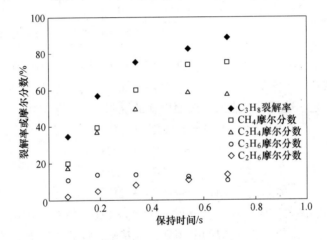

图 2.3.1　C_3H_8 的裂解率和裂解生成物的摩尔比（790℃）

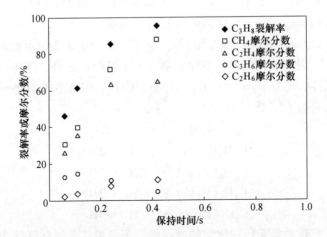

图 2.3.2　C_3H_8 的裂解率和裂解生成物的摩尔比（835℃）

图 2.3.2 中持续时间为 0.42s 时的 C_3H_8 的裂解产生的气体组成，如果使用百分比计算，则见表 2.3.1。

表 2.3.1　　C_3H_8 的裂解组成（835℃）　　　　　　（%）

CH_4	C_2H_4	C_2H_6	C_3H_6	C_3H_8
50.7	37.6	6.4	2.5	2.8

使用 RX 气体作为载体气并添加 3% 的渗碳气体 C_3H_8，假设按照表 2.3.1 所示的气体生成比率进行裂解，那么，900℃ 下的整个气体组成大概见表 2.3.2。

表 2.3.2　　在 RX 气体中添加 3% 的 C_3H_8 时的炉内气体组成　　　　（%）

CO	H_2	N_2	CH_4	C_2H_4	C_2H_6	C_3H_6	C_3H_8	CO_2	H_2O	O_2
22.4	29.8	44.8	1.5	1.1	0.2	0.1	0.1	微量	微量	微量

表 2.3.2 中，分子内含碳（C）的气体有 7 种。那么，有哪种气体中的 C 参与渗碳并扩散到钢材内部呢？如果能够对各个气体中的 C 加上区别标记进行调查就好办了，但是，这是不可能的。按照以往的说明：

$$2CO \Longrightarrow \langle C \rangle + CO_2$$
$$CO \Longrightarrow \langle C \rangle + 1/2O_2$$
$$CO + H_2 \Longrightarrow \langle C \rangle + H_2O$$
$$CH_4 \Longrightarrow \langle C \rangle + 2H_2$$

采用上述的渗碳反应公式，能够说明主要是 CO 气体参与渗碳，CH_4 也与渗碳有关。同时，以渗碳气体反应的平衡理论为基础，计算渗碳能力的强弱作为碳势（C_P）。由表 2.3.2 可知，渗碳炉的气氛中存在多种多样的气体，气体和气体之间也存在各自的反应式和平衡状态。如果是使用 100% 的 CO 气氛进行渗碳，因为只发生被叫做渗碳基本反应式的布杜阿尔反应 $2CO = \langle C \rangle + CO_2$，所以，根据 CO、$CO_2$ 的分压比应该能够控制 C_P。但是，在表 2.3.2 所示的向 RX 气体中添加 3% 的 C_3H_8 时的炉内气体构成中，除了 CO 和 CH_4 之外，作为可能与渗碳有直接关系的气体，还有 C_2H_4、C_2H_6、C_3H_6、C_3H_8。如果设想这些碳化氢的渗碳反应公式，会有如下结果：

$$CH_4（甲烷）\longrightarrow C + 2H_2$$
$$C_2H_4（乙烯）\longrightarrow 2C + 2H_2$$
$$C_2H_6（乙烷）\longrightarrow 2C + 3H_2$$
$$C_3H_6（丙烯）\longrightarrow 3C + 3H_2$$
$$C_3H_8（丙烷）\longrightarrow 3C + 4H_2$$

有必要改变观念重新回到化学的原点做一下思考。金属和气体之间存在化学吸附现象，气体分子依靠化学的结合力被捕捉到金属的表面。表 2.3.3 显示出了金属表面主要的气体化学吸附，根据金属的种类不同，分为能进行化学吸附的气体和不能进行化学吸附的气体（大西孝治：催化，大日本图书）。

表 2.3.3 金属和气体的吸附

金属元素	O_2	C_2H_2	C_2H_4	CO	H_2	CO_2	N_2
Fe、Cr、Mo	○	○	○	○	○	○	○
Ni、Co	○	○	○	○	○	○	×
Mn、Cu	○	○	○	○	×	×	×
Al	○	○	×	×	×	×	×
Mg、Si、Pb	○	×	×	×	×	×	×

注：○—有化学吸附；×—无化学吸附。

重点是：

（1）气体有容易发生化学吸附的优先顺序。

$O_2 > C_2H_2(乙炔) > C_2H_4 > CO > H_2 > CO_2 > N_2$

O_2 是与表 2.3.3 中的所有金属都发生化学结合的活性气体，N_2 是难被金属吸附的稳定气体。

（2）吸附力强的气体和吸附力弱的气体混在一起时，只有吸附力强的气体发生吸附，吸附力弱的气体无法吸附。图 2.3.3 显示了在 O_2 的分压高时，只有 O_2 进行吸附，其他的气体均无法吸附、无法发生渗碳反应的状态。

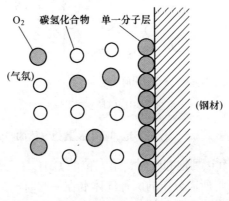

图 2.3.3 因为 O_2 的饱和吸附造成其他气体无法吸附的状态

（3）化学吸附的气体只限单一分子层，不会形成多分子层。

（4）气体的化学吸附量和气体的分压有关，如图 2.3.4 所示，当超出一定的分压时，吸附量变为饱和吸附状态，不会吸附更多的气体。

吸附力强的气体在低分压下达到饱和状态，吸附力弱的气体如果没有高分压

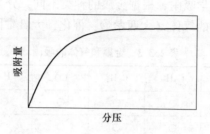

图 2.3.4　气体分压和吸附量的关系

就达不到饱和吸附。假设 900℃ 左右的炉内存在 O_2、H_2O、CO、CO_2、CH_4、C_2H_4、C_2H_2、C_3H_8、N_2 的混合气体。把钢材放入此炉内，吸附力强的气体会首先吸附。吸附力最强的是 O_2，如果 O_2 的分压高，钢材的整个表面被 O_2 覆盖，达到 O_2 的吸附饱和状态，其他的气体全部无法与钢材接触。O_2 的分压低，无法覆盖钢材的整个表面时，吸附力居第二位的 C_2H_2（乙炔）穿过吸附着的 O_2 分子的间隙吸附到钢材上。吸附后的 C_2H_2 在 Fe 的催化作用下裂解，C 从钢材的表面渗入内部。图 2.3.5 所示为这种模式图。

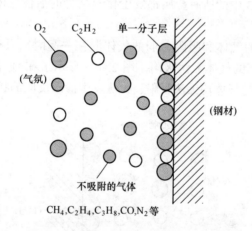

图 2.3.5　O_2 的不饱和吸附及其他气体的吸附

如果 C_2H_2 也没有达到饱和吸附，第三位的 C_2H_4（乙烯）将吸附到间隙中。同时拥有达到饱和吸附所需分压的两种气体混在一起时，只有吸附力强的一方的气体维持饱和吸附，另一方的气体处于无反应的状态。例如，在高温不发生反应的容器中放入钢材，通入 50% 的 C_2H_2 和 50% 的 C_2H_4 后密封，最初，C_2H_2 会吸附分解起渗碳反应，C_2H_2 消耗完毕后 C_2H_4 再参与渗碳。

第 1 反应　　　　　　　　$C_2H_2 \longrightarrow 2\langle C \rangle + H_2$

第 2 反应　　　　　　　　$C_2H_4 \longrightarrow 2\langle C \rangle + 2H_2$

其模式如图 2.3.6 所示。

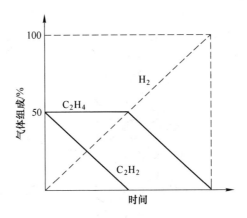

图 2.3.6　C_2H_2 和 C_2H_4 混合气体渗碳反应下的气体构成变化

在 RX 气体中添加 C_3H_8 进行渗碳，吸附力的优先顺序如下（关于碳氢化合物的吸附顺序请参考 2.4 节内容）：

$$O_2 > C_2H_2 > C_2H_4 > C_2H_6 > C_3H_8 > CO > H_2 > CO_2 > N_2$$

那么，是哪种气体中的 C 进行渗碳扩散呢？从后面将要讲述的真空渗碳的气体分压进行推测，因为只有微量的 C_2H_2，无法提供 100% 的 C 量。C_2H_4 如果有 0.3%（分压 0.3Pa）就足够了。不足的情况下，C_3H_6 的 0.3%（分压 0.3Pa）就会参与进来。其他的气体则完全不相干。

从以上的概念出发，重新思考常压气体渗碳就会发现，氧气不饱和吸附在渗碳的钢材上，限制了渗碳性气体的吸附，也就是说，氧气的吸附起到了壁垒或者过滤器的作用。正因为氧化锆的氧探头直接测量氧气的分压，所以使用氧探头的 C_P 计使气体渗碳的品质及生产效率得到了飞跃式的提升。

金属和气体相互产生吸引力进行吸附。不饱和吸附的 O_2 和 C_2H_4 的吸附状态如图 2.3.7 所示。

吸附的 C_2H_4 在 Fe 的催化反应下裂解，C 被吸收到钢材的内部加以扩散，H 变为 H_2 成为气氛气体。以往，碳势是利用露点仪测量 H_2O，之后又变为利用红外线测量 CO_2 来进行控制。这虽然没有错，但是，现在想来，实际上这是间接测量。如果 H_2O，CO_2 变多，从反应公式来看，当然 O_2 也会变多。

$$2H_2O \rightleftharpoons O_2 + 2H_2 \qquad 2CO_2 \rightleftharpoons O_2 + 2CO$$

如果从 O_2 制约着渗碳能力的概念来看，虽然不能说无关，但是，在测量 H_2O、CO_2 后推测 O_2 这方面，因为没有附带反应速度论，所以是不合理的。顺便说一下，作者验证了依靠 CO_2/CO 气体分析的碳势计算和依靠氧气的碳势计算结果的关系，两者完全没有关系。从 CO_2/CO 的分压计算出的碳势和从 CO/O_2 的分压中计算出的碳势之间是否有关系，因为这是佐证本书中渗碳相关化学概念

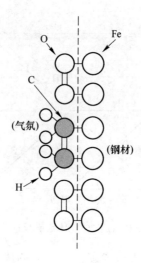

图 2.3.7 化学吸附的模式图

的重要事项，所以，现将详细的数据和计算结果显示在表 2.3.4 及表 2.3.5 中。
这些数据是从甲醇滴注式气体渗碳炉 17 台的实际作业中测量的数据。另外，碳
势（C_P 值）使用了以下计算公式：

$$C_P(CO/CO_2) = K_1 \cdot C_{sat} \cdot [CO]^2/[CO_2]$$

温度/℃	平衡常数 K_1	饱和碳量 C_{sat}/%
900	0.02840	1.33
930	0.01844	1.41

$$C_P(CO/O_2) = C_{sat} \cdot [CO]/K_2 \cdot [O_2]^{1/2}$$

温度/℃	平衡常数 K_2	饱和碳量 C_{sat}/%
900	3.904×10^9	1.33
930	2.924×10^9	1.41

表 2.3.4 900℃渗碳的实际作业数据

炉号	CO /%	CO_2 /%	O_2 分压 /$\times 10^{-20}$	C_P (CO/CO₂)	C_P (CO/O₂)
1	31.57	0.468	0.689	0.80	1.30
2	30.79	0.401	0.713	0.89	1.24
3	29.70	0.370	0.667	0.90	1.24

炉号	CO /%	CO_2 /%	O_2 分压 /×10^{-20}	C_P (CO/CO_2)	C_P (CO/O_2)
4	29.05	0.327	0.689	0.97	1.19
5	29.67	0.407	0.667	0.82	1.24
6	30.88	0.527	0.725	0.68	1.24
7	31.10	0.427	0.689	0.86	1.28
8	28.98	0.423	0.605	0.75	1.27
9	31.05	0.428	0.678	0.85	1.28
10	28.91	0.315	0.763	1.00	1.13
11	30.39	0.485	0.690	0.72	1.25
12	29.90	0.507	0.738	0.67	1.19
13	29.82	0.359	0.725	0.94	1.19
14	31.29	0.431	0.669	0.86	1.30
15	28.98	0.389	0.645	0.82	1.23
16	31.39	0.381	0.625	0.98	1.35
17	30.48	0.333	0.725	1.05	1.22
18	31.38	0.487	0.776	0.76	1.21
19	31.89	0.510	0.635	0.75	1.36
20	30.17	0.426	0.738	0.81	1.20
21	29.92	0.562	0.775	0.60	1.16
22	30.88	0.440	0.643	0.82	1.31

表 2.3.5　930℃渗碳的实际作业数据

炉号	CO /%	CO_2 /%	O_2 分压 /×10^{-20}	C_P (CO/CO_2)	C_P (CO/O_2)
23	28.76	0.257	1.113	0.84	1.31
24	28.01	0.203	1.003	1.00	1.35
25	30.15	0.264	0.973	0.90	1.47
26	30.07	0.289	1.019	0.81	1.44
27	29.10	0.211	1.277	1.04	1.24
28	28.99	0.226	1.298	0.97	1.23
29	29.72	0.331	1.201	0.69	1.31
30	29.04	0.272	1.220	0.81	1.27
31	30.95	0.267	1.238	0.93	1.34

炉号	CO /%	CO_2 /%	O_2 分压 /×10⁻²⁰	C_P (CO/CO_2)	C_P (CO/O_2)
32	29.72	0.243	1.096	0.95	1.37
33	29.51	0.273	1.015	0.83	1.41
34	29.92	0.403	1.003	0.58	1.44
35	28.93	0.306	0.988	0.71	1.40
36	29.14	0.299	1.068	0.74	1.36
37	30.21	0.338	1.220	0.70	1.32
38	29.85	0.278	1.194	0.83	1.32
39	28.54	0.290	1.175	0.73	1.27

表 2.3.4 的 900℃ 渗碳和表 2.3.5 的 930℃ 渗碳中的 C_P（CO/CO_2）和 C_P（CO/O_2）的关系如图 2.3.8 所示。

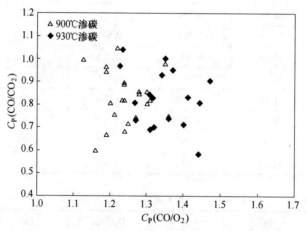

图 2.3.8　C_P（CO/CO_2）和 C_P（CO/O_2）的关系

如图 2.3.8 表明的那样，C_P（CO/CO_2）和 C_P（CO/O_2）之间完全没有关系。到底应该相信哪个 C_P 值来控制渗碳呢？如果考虑到随着氧探头的问世，使得气氛的稳定自动控制变为可能，与以往的 C_P（CO/CO_2）值下的作业管理相比较品质显著提升这点，当然应该相信 C_P（CO/O_2）值。

换种看法，将 O_2 分压和 C_P（CO/O_2）之间的关系图表化后，如图 2.3.9 所示，虽然两者明显地有关系，但是偏差范围变大了。

此偏差范围大的原因是，将 CO 分压作为变数加进了 C_P（CO/O_2）的计算公式中。从本书有关渗碳的基本概念出发，将 CO 的分压设为 30% 的定数，利用 C_P（O_2）= $C_{sat} \times 0.30/K_2 \cdot [O_2]^{1/2}$ 计算后如表 2.3.6 和表 2.3.7 所示，其关系

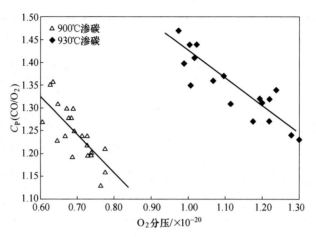

图 2.3.9 O_2 分压和 C_P（CO/O_2）的关系

如图 2.3.10 所示。因为决定 C_P 值的计算公式的变数只有氧气分压，当然会形成图 2.3.10 所示的明确的关系。

表 2.3.6 900℃渗碳时 O_2 分压和 $C_P(O_2)$ 的数据

炉号	CO /%	O_2 分压 /×10⁻²⁰	$C_P(CO/CO_2)$ 将 CO% 作为变量输入	$C_P(O_2)$ 将 CO% 作为 30% 常数输入
1	31.57	0.689	1.30	1.23
2	30.79	0.713	1.24	1.21
3	29.70	0.667	1.24	1.25
4	29.05	0.689	1.19	1.23
5	29.67	0.667	1.24	1.25
6	30.88	0.725	1.24	1.20
7	31.10	0.689	1.28	1.23
8	28.98	0.605	1.27	1.31
9	31.05	0.678	1.28	1.24
10	28.91	0.763	1.13	1.17
11	30.39	0.690	1.25	1.23
12	29.90	0.738	1.19	1.19
13	29.82	0.725	1.19	1.20
14	31.29	0.669	1.30	1.25
15	28.98	0.645	1.23	1.27
16	31.39	0.625	1.35	1.29

续表 2.3.6

炉号	CO /%	O_2 分压 /×10⁻²⁰	$C_P(CO/CO_2)$ 将 CO%作为 变量输入	$C_P(O_2)$ 将 CO%作为 30% 常数输入
17	30.48	0.725	1.22	1.20
18	31.38	0.776	1.21	1.16
19	31.89	0.635	1.36	1.28
20	30.17	0.738	1.20	1.19
21	29.92	0.775	1.16	1.16
22	30.88	0.643	1.31	1.28

表 2.3.7　930℃渗碳时 O_2 分压和 $C_P(O_2)$ 的数据

炉号	CO /%	O_2 分压 /×10⁻²⁰	$C_P(CO/CO_2)$ 将 CO%作为 变量输入	$C_P(O_2)$ 将 CO%作为 30% 常数输入
23	28.76	1.113	1.31	1.37
24	28.01	1.003	1.35	1.44
25	30.15	0.973	1.47	1.47
26	30.07	1.019	1.44	1.43
27	29.10	1.277	1.24	1.28
28	28.99	1.298	1.23	1.27
29	29.72	1.201	1.31	1.32
30	29.04	1.220	1.27	1.31
31	30.95	1.238	1.34	1.30
32	29.72	1.096	1.37	1.38
33	29.51	1.015	1.41	1.44
34	29.92	1.003	1.44	1.44
35	28.93	0.988	1.40	1.46
36	29.14	1.068	1.36	1.40
37	30.21	1.220	1.32	1.31
38	29.85	1.194	1.32	1.32
39	28.54	1.175	1.27	1.33

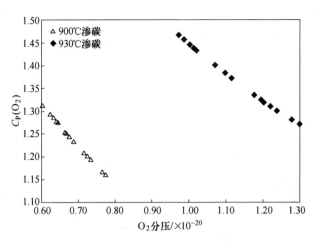

图 2.3.10　O_2 分压和 $C_P(O_2)$ 的关系

如果主张左右渗碳能力的是 O_2 的分压，与 CO 的分压没有关系，那么，重要的是将 CO 的分压变动从 C_P 值的计算中排除。从目前的实际作业形式来考虑，使用带有氧探头的 C_P 计的渗碳控制，如上所述，是采用无视 CO 的分压变动方法来进行的。即，是在 C_P 计的计算公式中将 CO% 作为常数来输入进行控制的。本来，如果能够按照 $C_P(CO/O_2) = C_{sat} \cdot [CO]/K_2 \cdot [O_2]^{1/2}$ 的理论公式控制渗碳气氛，那么，应该在氧探头的基础上加装 CO 测量仪，将 CO 的变动值输入到计算公式中进行控制。但是，现状并非如此。究其原因，主要有装置开发上的问题、成本问题，以及在利用氧探头单体进行控制中希望改善的需求较少等。因为 C_P（碳势）和 CO 分压无关，所以实际操作中将 CO 分压常数化进行控制，从结果上来看渗碳气氛的控制性很好。

在使用带有氧探头的 C_P 计进行控制方面，还有一个大的课题。这就是，作为载体气在使用 RX 气体和使用甲醇裂解气体时，输入到 C_P 值演算中的 CO% 到底要如何分别处理呢？具体来说就是，RX 气体的 CO 是 23%，甲醇裂解气体的实际 CO 大约是 30%。例如在 930℃ 的渗碳中，从 $C_P(CO/O_2) = C_{sat} \cdot [CO]/K_2 \cdot [O_2]^{1/2}$ 的公式中确定氧气分压和 C_P 值之间的关系，如图 2.3.11 所示。

使用甲醇裂解气体时，很明显计算上的碳浓度和处理后的表面碳含量有差异。实际的数值比计算的 C_P 值要低。针对此问题，热处理现场主要采用以下应对方法：

（1）在掌握 C_P 计的控制设定值和处理结果的表面碳浓度的差异后，将设定值作为视觉上的数值来对待。例如，在计算式中输入 30 作为实际值的 CO%，C_P 设定值为 1.4 时的真正的 C_P 值其实只是 1.2 这种方法。

（2）在 C_P 计的计算式中输入 30 作为 CO%，由于真正的 C_P 值会比那个值低，

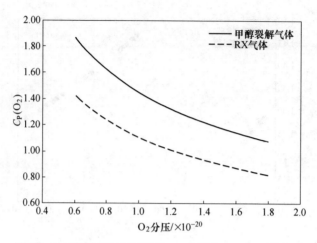

图 2.3.11　载体气不同导致的 O_2 分压和 $C_P(O_2)$ 的关系

所以，为了使 C_P 计的显示值变成真正的数值，例如 CO%，为了方便起见输入 28，从而使 C_P 计的显示值接近真正的 C_P 值。

就像能够推测出在热处理现场，现实的情况也是采用上述这种做法一样，这也证明了将 CO 的分压加入 C_P 值的计算做法是不恰当的。

以上关于渗碳是渗碳气体吸附到金属表面发生分解扩散这一现象做了说明，但是，对于气氛而言，还有另一个重要的东西，这也与将要在下一节中说明的真空渗碳有关，即，在气体渗碳中，气氛中的 H_2 发挥着抑制积碳（碳附着在炉内的炉体材料及处理品的表面上的现象）的重要作用。H_2 的分压低时，

$$C_3H_8 \Longrightarrow C(积碳) + C_2H_6 + H_2$$
$$C_2H_6 \Longrightarrow C(积碳) + CH_4 + H_2$$

上述反应下，会发生 C 的析出，也就是积碳，如果 H_2 的分压高，反应就不会向 H_2 增加的方向前进。也可以说，相反地，反应向 H_2 减少的方向前进，抑制了积碳。如前所述，如果从 C_3H_8 的裂解后的构成类推，H_2 分压高时的 C_3H_8 的裂解主要是依照 $2C_3H_8 \rightarrow 2C_2H_6 + C_2H_4$ 这种反应式进行的。

2.4　真空渗碳（以下将低压气体渗碳称为真空渗碳）

真空渗碳完全按照和气体渗碳相同的化学机制进行渗碳，基本上与在气体渗碳那一节中说明的内容一样。但是，在真空渗碳的开发过程中面临两大问题：

（1）由于是过剩渗碳，在表面产生了大量的渗碳体；

（2）发生积碳，难以进行炉内的保养，对品质也产生了不良影响。

这两个问题在气体渗碳中虽然是可以控制的项目，但是，却因为是真空渗碳而成为大书特书的问题。也可以说是在气体渗碳时没有意识到的化学机制在真空

渗碳时变得明确起来。这些问题发生的原因是，由于没有使用载体气，气氛中不存在 O_2 和 H_2。如同在前一节气体渗碳中说明的那样，在气体渗碳中，O_2 在钢材表面的吸附成为过滤器（壁垒），限制了渗碳性气体的吸附，控制了渗碳浓度，而在全无 O_2 的真空状态下，渗碳性气体达到100%饱和状态，成为高浓度渗碳。由于过多的渗碳体，C 的浓度分布呈两段形状，即在渗碳后的扩散处理中无法溶解扩散渗碳体。渗碳体的 C 含量为6.7%，很高，一旦析出，很难溶解扩散。图2.4.1 所示为渗碳体大量产生时的 C 浓度分布的概念图。

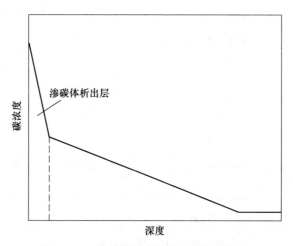

图 2.4.1　渗碳体析出导致的碳浓度分布

另一个问题是，因为不存在 H_2，所以会产生因碳氢化合物裂解导致的积碳。例如，在真空渗碳中使用 CH_4 作为渗碳气体，由于是在 H_2 分压为零的状态下进行渗碳，在

$$CH_4 \rightleftharpoons C(积碳) + 2H_2$$

的反应式中，在 H_2/CH_4 的分压比达到一定程度之前，反应会向右侧进行。气体渗碳时，由于载体气中存在着一定量的 H_2，所以，H_2/CH_4 的分压比高，反应不会向右侧进行。最终，这些问题通过以下方法得到了解决：

（1）对于高浓度渗碳的问题，通过降低分压，使渗碳气体不会饱和吸附（低压定流量渗碳）；或者是瞬间达到饱和状态后排气去除渗碳气体，设置扩散时间，并重复操作（脉冲渗碳法）。

（2）对于防止积碳问题，使用对 Fe 有强吸附力，且即使气氛中的 H_2 分压低也不会起裂解反应的 C_2H_2。

重新思考一下作为渗碳气体而被使用的碳氢化合物气体，2.2 节中的气体对金属的吸附能力的顺序为：

三键碳氢化合物>二键碳氢化合物>单键碳氢化合物

如前所述，与渗碳直接相关的气体是按照吸附力强的顺序进行的，吸附力弱的气体不参与渗碳。另外，吸附力强的气体原子间的结合力强，具有难以产生有积碳的裂解性质。表2.4.1所示为结合力的差异（绵拔邦彦，务台洁。从基础开始学起，通俗易懂的化学［M］. 旺文社，1984）。

表2.4.1　碳氢化合物的原子间结合力

碳氢化合物	结构	结合距离/Å		碳-碳结合能量 /kcal·mol^{-1}
		碳-碳	碳-氢	
乙烷	H H │ │ H—C—C—H │ │ H H	1.53	1.12	83
乙烯	H H 　＼　　／ 　　C＝C 　／　　＼ H H	1.34	1.10	145
乙炔	H—C≡C—H	1.20	1.06	198

有关碳氢化合物积碳的裂解反应表示为：

$$C_n H_m \Longrightarrow nC(积碳) + m/2H_2$$

结合力强的气体，即便分压的比率 $H_2/C_n H_m$ 小，反应也不会向右侧进行。其结果就是，作为真空渗碳最有效的渗碳气体是 $C_2 H_2$，即不会产生积碳就能进行渗碳。

利用 $C_2 H_2$ 的真空渗碳可以描述为图2.4.2和图2.4.3所示的状态。

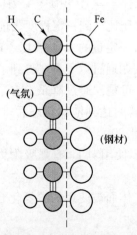

图2.4.2　$C_2 H_2$ 的吸附

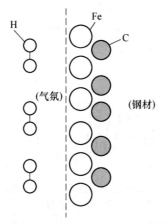

图 2.4.3　C_2H_2 的分解和 C 的扩散

2.5　真空渗碳的种类

真空渗碳根据其发展历程的基本概念的不同，大致可以分为两种：

（1）以真空炉为基本炉体结构的渗碳气体的低压定流量真空渗碳法。

（2）以气体渗碳炉为基本炉体结构的渗碳气体脉冲通入式真空渗碳法。

（1）是作为真空渗碳专业炉被开发出来的，（2）是作为多功能炉被开发出来的。关于使用气体方面，开发当初有 CH_4、C_2H_4、C_3H_8、C_3H_6 等提案，但是，现在基于在本书中阐述的理由，将其限定为 C_2H_2。（1）和（2）的气体通入方法的不同，如图 2.5.1 和图 2.5.2 所示。

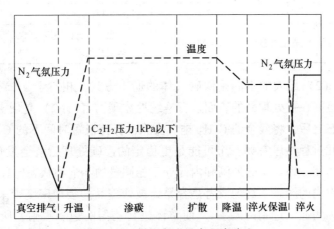

图 2.5.1　低压定流量真空渗碳法

根据真空渗碳炉体结构的不同，（1）和（2）在性能、功能上有很大的不同，其内容见表 2.5.1。

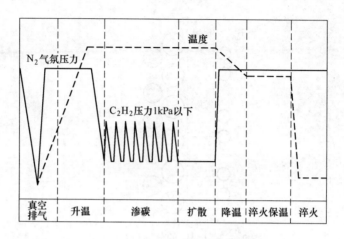

图 2.5.2　气体脉冲通入真空渗碳法

表 2.5.1　真空渗碳法的比较

方法	（1）低压定流量真空渗碳法	（2）气体脉冲通入式真空渗碳法
炉壳结构	以真空炉为基础 冷壁型 利用炉内热反射板进行隔热 不能通入气氛	以气体渗碳炉为基础 热壁型 利用耐热壁进行隔热 可以通入气氛
搅拌机	无	有
加热器	碳硅化合物 最高加热温度1100℃	辐射管 最高加热温度980℃
间歇作业	可以	可以
特点	真空（低压）气氛处理专用	也可以进行使用大气压气氛的碳氮共渗等复合处理

　　（1）和（2）最大的不同是渗碳气体的通入方式，相对于（1）使 C_2H_2 以不饱和状态吸附在被处理品的表面进行连续性渗碳而言，（2）是使 C_2H_2 充分地处于饱和状态之后，将残余的 C_2H_2 排气去除，保持极短时间下的 C_2H_2 的吸附，并连续重复此过程。思考哪一个可能是更稳定的渗碳处理后就会发现，（1）的情况是，因为使处理批次的外围和内部处于相同量的不饱和状态比较难，所以会导致同一批次内的渗碳不均匀或者是容易给被处理品的装炉密度带来限制；（2）的情况是，因为通入过剩的 C_2H_2，使整体进行均匀的饱和吸附，所以，有能够确保同一批次内均匀性的优点。（2）的方法是利用了气体对金属的饱和吸附状态是只限一个分子层的这种定量的性质。但是，（2）的缺点是对于渗碳所需的量而言，实际通入了过剩的 C_2H_2，浪费了多余的 C_2H_2。

2.6 热壁型气体脉冲真空渗碳炉

热壁型真空渗碳炉的结构如图2.6.1所示。

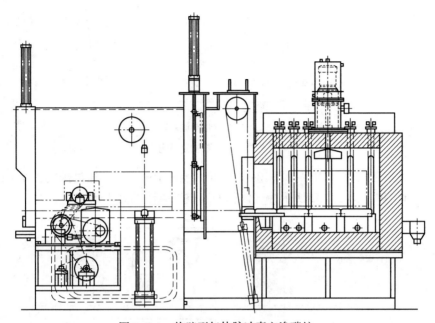

图2.6.1 热壁型气体脉冲真空渗碳炉

此炉的特点在于以渗碳炉为基础并能够维持真空状态气密性的结构。与以真空炉为基本结构开发出来的只能进行真空渗碳的这种单一功能的真空渗碳炉相比，热壁型真空渗碳炉能够进行渗碳、碳氮共渗、氮化、软氮化，以及后面将要讲到的渗氮淬火等多种处理。如果只是针对自己公司内部的产品做真空渗碳处理，那么，这里介绍的两种方法的真空渗碳，无论选择哪一个都是可以的。渗碳、渗氮，或者是两者相组合，近年来新工艺的开发不断进步。笔者认为，热壁型真空渗碳炉是能够用于后面将要讲到的渗氮淬火等新工艺的开发，或者用于阐明其化学机制的具有深远意义的设备。

2.7 气体脉冲通入压力

气体脉冲真空渗碳法是在渗碳过程中在短时间内重复进行C_2H_2气体的通入及排气的方法，此时，炉内压力的变动实例如图2.7.1所示。

气体渗碳时，因为O_2的吸附作用，能够限制渗碳量，真空渗碳时，如果连续地持续通入C_2H_2，渗碳层的表面就会因为C_2H_2的饱和吸附生成大量的渗碳体。为了防止渗碳体的生成，在短时间内间歇地重复C_2H_2的吸附（渗碳）。

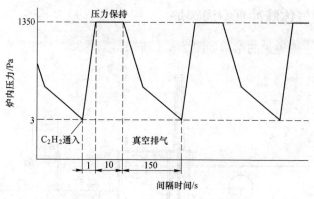

图 2.7.1　气体脉冲通入压力

C_2H_2 通入后的气体压力保持以 10s 为标准，经过 10s 之后，通过排气去除炉内残留的所有气体。图 2.7.2 所示为气体脉冲真空渗碳法的处理周期。

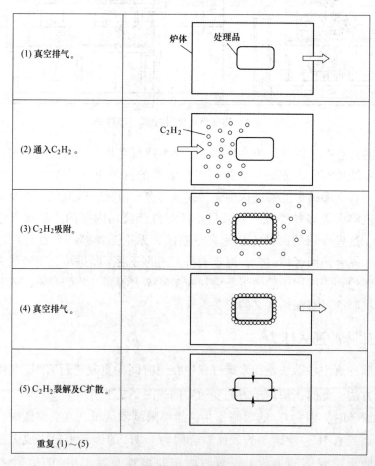

图 2.7.2　气体脉冲真空渗碳的周期图

2.8 碳的扩散

有关碳的扩散机制，气体渗碳和真空渗碳完全相同。关于渗碳温度及渗碳时间与渗碳深度的关系问题，F. E. Harris 提出以下著名的公式：

$$d = k \cdot t^{1/2}$$

式中　d——全渗碳深度，mm；

　　　k——温度系数；

　　　t——时间，h。

因为 d 是全渗碳深度，随着品质要求中更多地采用了有效硬化深度，直接使用这个公式变得困难起来。全渗碳深度和有效硬化深度的关系公式将在后面的第5章中说明。

现在说一下 F. E. Harris 的时代以及之后发生的大的变化。以前有晶粒度粗大的问题，所以，标准的做法是，渗碳扩散后进行一次淬火，然后再加热进行二次淬火。但是，在此之后，伴随着炼钢技术的进步，能够抑制晶粒粗大的钢材的开发技术也不断进步，目前，除了特殊情况之外，绝大部分只进行一次淬火就结束了。

在图 2.8.1 所示的一次、二次淬火的情况下，全渗碳深度 d 的计算公式为：

$$d = (k_1^2 \times t_1 + k_2^2 \times t_2)^{1/2}$$

因为温度低，所以即便无视二次淬火引起的扩散也不会有误差产生。但是，在图 2.8.2 所示的一次淬火就完成处理的情况下，在计算上有必要考虑降温的温度和降温时间导致的 C 的扩散量。

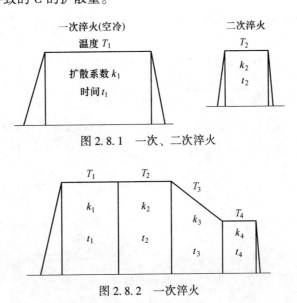

图 2.8.1　一次、二次淬火

图 2.8.2　一次淬火

一次淬火情况下的全渗碳深度的计算公式为:

$$d = (k_1^2 \times t_1 + k_2^2 \times t_2 + k_3^2 \times t_3 + k_4^2 \times t_4)^{1/2}$$

另外, 处理中途的全渗碳深度的计算公式为:

$$d_1 = (k_1^2 \times t_1)^{1/2} \quad (渗碳)$$

$$d_2 = (k_1^2 \times t_1 + k_2^2 \times t_2)^{1/2} \quad (扩散)$$

$$d_3 = (k_1^2 \times t_1 + k_2^2 \times t_2 + k_3^2 \times t_3)^{1/2} \quad (降温)$$

$$d_4 = (k_1^2 \times t_1 + k_2^2 \times t_2 + k_3^2 \times t_3 + k_4^2 \times t_4)^{1/2} \quad (淬火保温)$$

一次淬火情况下的全渗碳深度的变化如图 2.8.3 所示。C_1 是渗碳时的表面 C%, C_2 是扩散时的表面 C%, C_3 是降温时的表面 C%, C_4 是淬火保温时的表面 C%。

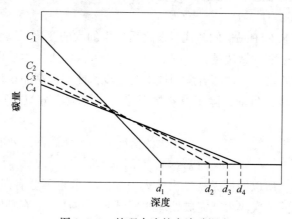

图 2.8.3　处理中途的全渗碳深度

思考一下渗碳速度, 从渗碳的全渗碳深度 $d = k \cdot t^{1/2}$ 的关系式中可以得出

$$d/k = t^{1/2}$$

如果将 d/k 比作全渗碳深度指数, 就会有图 2.8.4 所示的图表。

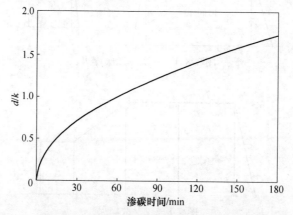

图 2.8.4　渗碳经过时间和渗碳速度的关系

渗碳过程中 C 的扩散并不是按照固定的速度前进的，扩散速度在 30min 以内非常快，之后，一点点变慢。因为渗碳刚开始不久时，材料的 C% 和 C_P 值的落差大，所以，渗碳速度快；随着渗碳的进行，其落差会变小，渗碳变慢。

2.9　气体渗碳和真空渗碳的比较

真空渗碳有优越的好处，今后随着社会上需求的增大，其普及度还将进一步扩大。表 2.9.1 为气体渗碳和真空渗碳的比较。

表 2.9.1　气体渗碳和真空渗碳的比较

比较项目	气体渗碳	真空渗碳
CO_2 的排放	大量排放，以箱式炉为例，2～5kg/h 的 CO_2	虽有少量的 C_2H_2 排放，但是，没有 CO_2 的排放
使用气体量	作为载体气，大量消耗 RX 气体、甲醇	因为不需要载体气，所以消耗的气体量少
晶间氧化	以往的箱式炉在渗碳层的表面会产生晶间氧化，导致产品的强度变低	因为是在接近真空的气氛压力下作业，所以，不会发生晶间氧化
处理时间	因炉体结构问题，采用高温渗碳来缩短时间有其局限性，需要花时间稳定气氛	可以利用高温渗碳缩短时间，不需要气氛稳定时间
渗碳品质的稳定度	因大气混入导致的气氛变动会对品质带来不良影响	渗碳条件的偏差小，能够得到稳定的品质
作业形式	间歇式作业大幅降低生产能力	不会降低生产能力，可以进行间歇作业
热处理变形	在以往的变形对策范围内很有限	借助减压淬火可以实现小的变形
作业环境	有火焰帘和废气，作业环境不好	没有火焰帘和废气，作业环境良好
炉内耐热钢的寿命	炉内的耐热钢不会被渗碳，寿命较长	因为具有高渗碳性，所以，炉内的耐热钢会被渗碳，寿命较短
设备价格	价格便宜	配备真空相关设备，价格昂贵

3 通过计算确定气体渗碳淬火条件的方法

3.1 数值输入

输入确定处理条件计算前提的数值（表3.1.1）。

表3.1.1 数值输入

渗碳炉处理能力/kg		1000
装炉总重量/kg		800
C_p稳定时间/min		20
淬火油槽温度/℃		100
处理品的钢材牌号		SCM415H
材料成分/%	C	0.15
	Si	0.25
	Mn	0.73
	Ni	0.00
	Cr	1.05
	Mo	0.25
质量效应/mm		20
有效硬化深度/mm		0.75
有效硬度 HV		550
表面目标 C/%		0.80

3.1.1 渗碳炉处理能力（kg）

渗碳炉处理能力指输入渗碳炉的最大处理能力。装炉重量和处理能力的比率将影响升温时间和降温时间的计算。

3.1.2 装炉总重量（kg）

装炉总重量输入包括托盘及夹具等在内的装炉总重量。其将影响升温时间、降温时间的计算。装炉量多时，升温和降温时间变长，少时则变短。

3.1.3 C_p稳定时间（min）

C_p稳定时间指输入渗碳气体通入后，炉内气氛的 C_p 值到达设定值所需的时间。通常情况下，从渗碳气体开始通入到到达 C_p 设定值需要 10~20min。在此期间，因为几乎不进行渗碳，所以不记作渗碳时间。如果将此时间加到渗碳时间中会导致渗碳设定时间产生大的误差。因为到达 C_p 值稳定的时间会因为使用的载体气的种类、流量以及炉体的结构有所不同，所以，可输入从实际作业数据中得出的经验值。

3.1.4　淬火油槽温度（℃）

淬火油槽温度指输入淬火油槽的温度。虽然对计算没有什么影响，但是，为了从整体上把握处理条件，所以，要输入。

3.1.5　处理品的钢材牌号

输入处理品的材质牌号。虽然对计算没有什么影响，但是，作为参考，要输入。

3.1.6　材料成分（%，C、Si、Mn、Ni、Cr、Mo）

材料成分指输入处理品的合金成分。材料的合金成分会影响渗碳性能，以及渗碳层前端（内部）硬度、渗碳温度、渗碳时间、渗碳工序完成时的全渗碳深度、淬火温度、全渗碳深度、总渗碳量、有效硬化深度的 C%、HV550 处的深度、HV550 处的 C% 以及扩散系数 k 的计算。

3.1.7　质量效应（mm）

质量效应指输入处理品的最大厚度尺寸。会影响因质量不同而受到影响的渗碳层前端（内部）硬度、均热时间、淬火保温时间以及油槽淬火时间的计算。

3.1.8　有效硬化深度（mm）

有效硬化深度指输入处理完成后的有效硬化深度的目标值。

3.1.9　有效硬度（HV）

有效硬度指输入判定上述有效硬化深度的硬度。渗碳深度的要求是全渗碳深度，且没有指定有效硬度时，请在 3.2 的计算结果或者 3.3 修正值输入的渗碳层前端（内部）的硬度上加上 1 再输入。其理由是出于计算公式上的方便。另外，如同后面将要讲述的那样，本书中的全渗碳深度的定义与 JIS 的定义不同，所以，如果是 JIS 定义的情况，请输入将前项的有效渗碳深度减去 10% 之后的数值。

3.1.10　表面碳含量 C% 目标值

表面碳含量 C% 目标值指输入处理完成后的表面碳含量 C% 目标值。会影响渗碳时间、渗碳工序的全渗碳深度、扩散 C_P 值、降温 C_P 值、淬火保温 C_P 值、全渗碳深度、总渗碳量以及 HV550 处的深度的计算。

3.2 计算结果

以前一节输入的数值为基础，输出表格计算结果（表 3.2.1）。此节主要记载了用于表格计算的公式，根据需要，关于确定计算公式的理由的详细说明记载于第 5 章中。

表 3.2.1 计算结果

渗碳层前端（内部）的硬度 HV	327
升温时间/min	142
均热时间/min	23
C_P 稳定时间/min	20
渗碳温度/℃	925
渗碳时间/min	73
渗碳工序结束时的 C/%	1.22
渗碳工序结束时的渗碳深度/mm	0.74
扩散温度/℃	925
扩散时间/min	65
降温时间/min	82
淬火温度/℃	853
淬火保温时间/min	18
淬火油槽温度/℃	100
油槽淬火时间/min	15
渗碳 C_P 值	1.22
扩散 C_P 值	0.80
降温 C_P 值	0.80
淬火保温 C_P 值	0.80
处理时间合计/min	439
全渗碳深度/mm	1.22
总渗碳量/%·mm	0.40
有效硬化深度的 C/%	0.40
HV550 处的深度/mm	0.75
HV550 处的 C/%	0.40
扩散补正系数 a	753
渗碳温度扩散系数 k_1	0.67
扩散温度扩散系数 k_2	0.67
降温温度扩散系数 k_3	0.54
淬火温度扩散系数 k_4	0.42

注：此计算结果的数值是进行了标准回火（170℃×2h）后的数值。

3.2.1　渗碳层前端（内部）的硬度（HV）

计算公式 = 1000 × 材料成分 C% + 2700/（质量效应 + 15）+ 100

　　　　 = 1000 × D8 + 2700/（D14 + 15）+ 100

　　一般来说，内部硬度指的是被处理品壁厚中心位置的硬度，而本书中渗碳层前端（内部）的硬度则如图 3.2.1 所示，按照品质要求从测量硬化深度处的硬度分布曲线上加以定义的硬度。图中的实线是渗碳淬火后的 HV 硬度分布，点线①是 HV400~650 的直线的延长线，点线②是内部硬度的延长线，渗碳层前端（内部）的硬度是点线①和②的交叉点的硬度。这样定义的理由是为了使用简便的计算公式。

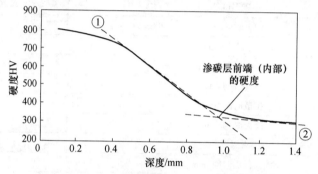

图 3.2.1　渗碳层前端（内部）硬度的定义

　　另外，本书中被处理品的 C% 和质量效应会影响渗碳层前端（内部）硬度的计算，但由于合金成分的影响较小，故将其排除在外。然而，不同的淬火温度、淬火油温以及被处理品形状等也常会造成实际硬度和计算值有差异。如果数据可以根据经验预测出来，可在下一节中修正值的输入中输入补正值。材料成分及质量效应与渗碳层前端（内部）硬度的关系如图 3.2.2 所示。

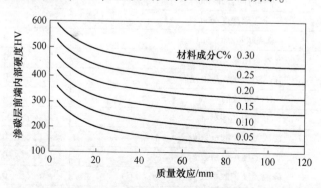

图 3.2.2　质量效应和渗碳层前端（内部）硬度的关系

3.2.2 升温时间（min）

计算公式 =（装炉总重量 × 1000/ 渗碳炉处理能力 + 1000)/4000 ×

渗碳温度 −（装炉总重量 × 1000/ 渗碳炉处理能力 + 1308)/7.69

=（D4 × 1000/D3 + 1000)/4000 × G7 −（D4 × 1000/D3 + 1308)/7.69

这是根据以往实际作业的升温时间倒算出来的计算公式。因为根据炉的能力、性能以及炉的厂家的不同升温时间会有差异，所以，在实际运用时有时候需要更改计算公式。

装炉重量比及渗碳温度与升温时间的关系如图 3.2.3 所示。

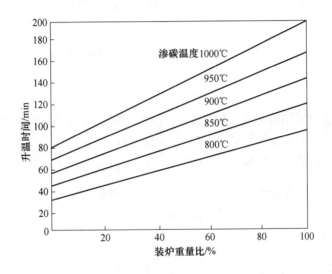

图 3.2.3 装炉重量比及渗碳温度与升温时间的关系

3.2.3 均热时间（min）

计算公式 = 4 × 质量效应$^{0.5}$+ 5

= 4 × D14$^{0.5}$+ 5

考虑到生产效率，均热时间为不影响品质的最少时间。计算公式是根据经验值倒算出来的。

质量效应和均热时间的关系如图 3.2.4 所示。

3.2.4 C_P 稳定时间（min）

计算公式 = 3.1 节 C_P 稳定时间 = D5

这是参照过去的经验数据输入到 3.1 节的数值。

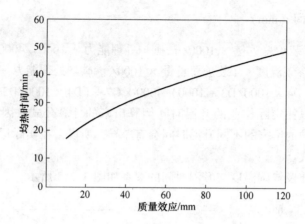

图 3.2.4　质量效应和均热时间的关系

3.2.5　渗碳温度（℃）

计算公式 = 200 × HV550 处的深度$^{0.5}$ + 770 − 120 × 材料成分 C%

= 200 × G26$^{0.5}$ + 770 − 120 × D8

HV550 处的深度及材料的 C%和渗碳温度的关系如图 3.2.5 所示。

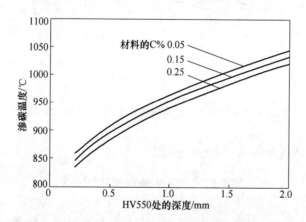

图 3.2.5　HV550 处的深度及材料的 C%和渗碳温度的关系

　　基于生产效率和品质保证的考虑，渗碳深度深时用高温，浅时用低温；或者，材料的 C%低时用高温，高时用低温。为了维持渗碳品质，控制渗碳开始初期气氛变动的影响，有必要确保一定时间量以上的渗碳时间。要根据材料 C%的不同更改渗碳温度，原因是材料 C 量的高低不同会导致渗碳工序中的总供给碳量有差异。

3.2.6 渗碳时间（min）

计算公式 = （（（表面碳含量 C% 目标值 − 材料成分 C%）/（渗碳 C_P 值 −

材料成分 C%）× 全渗碳深度）/ 渗碳温度扩散系数）² × 60

= （（（D17 − D8）/（G18 − D8）× G23）/G29）² × 60

利用表面碳含量 C% 目标值、材料成分 C%、渗碳 C_P 值、全渗碳深度（是本书定义的深度，计算方法在后面会讲到）以及渗碳温度扩散系数（计算方法在后面会讲到）计算渗碳时间。假设渗碳工序结束时的表面 C% 是达到与设定的 C_P 值相同的状态。假设全工序结束后的总渗碳量和渗碳工序结束时的总渗碳量相同（图 3.2.6 中的三角形 C_P、C_m、d_1 和 C_t、C_m、d 的面积相同），得出渗碳工序结束时的全渗碳深度。从 $d_1 = k_1 (t_1)^{1/2}$ 的基本公式中得出 t_1（d_1 为渗碳结束时的全渗碳深度，mm；k_1 为渗碳温度的扩散系数；t_1 为渗碳时间，h）。

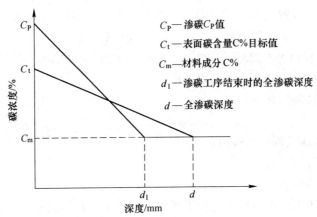

C_P— 渗碳 C_P 值

C_t— 表面碳含量 C% 目标值

C_m— 材料成分 C%

d_1— 渗碳工序结束时的全渗碳深度

d— 全渗碳深度

图 3.2.6　渗碳工序结束时和处理结束时的全渗碳深度和碳浓度的关系

3.2.7 渗碳工序结束时的表面（C%）

计算公式 = 渗碳 C_P 值 = G18

假设渗碳工序的表面 C% 和设定的渗碳 C_P 值相同。但是，因为 C_P 计中显示的 C_P 值是根据氧化锆传感器的电势演算出来的数值，所以，用于演算的系数的输入值不同也会导致误差产生。因此，需要验证 C_P 计的显示值和处理结果。另外，还需要注意的是，传感器的老化也会导致误差产生。

3.2.8 渗碳工序结束时的渗碳深度（mm）

计算公式 = （表面碳含量 C% 目标值 − 材料成分 C%）/

（渗碳工序结束时的 C% − 材料成分 C%）× 全渗碳深度

= （D17 − D8）/（G9 − D8）× G23

如前所述，本书中有关全渗碳深度的定义与 JIS 的定义不同。无论是处理中途的渗碳工序的 C% 分布还是全部工序结束时的 C% 分布，都是作为图 3.2.6 中所示的直线来计算的。虽然渗碳工序后的扩散处理等工序中的 C% 的分布并不呈直线状态，但是，此误差引起的其他项目的计算影响会在公式中加入补正项进行调整。

3.2.9　扩散温度（℃）

$$计算公式 = 渗碳温度 = G7$$

除特殊情况之外，扩散处理在渗碳温度下进行。

3.2.10　扩散时间（min）

计算公式 = 60 × (全渗碳深度^2 – 渗碳温度扩散系数^2 × 渗碳时间/60 –
　　　　　降温温度扩散系数^2 × 降温时间/60 – 淬火温度扩散系数^2 ×
　　　　　淬火保温时间/60)/扩散温度扩散系数^2
　　　　= 60 × (G23^2 – G29^2 × G8/60 – G31^2 × G13/60 –
　　　　　G32^2 × G15/60)/G30^2

此处使用扩散的基本公式

$$d = k(t)^{1/2}$$

式中　d——全渗碳深度，mm；

　　　k——扩散系数；

　　　t——时间，h。

在渗碳到淬火保温持续进行的工序中，通常 $T_1 = T_2$，另外，方便起见，使用 $T_3 = (T_2 + T_4)/2$。

图 3.2.7 所示为渗碳淬火工序。

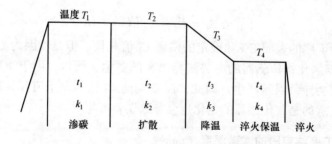

图 3.2.7　渗碳淬火工序

全工序结束后的全渗碳深度为：

$$d = (k_1^2 \times t_1 + k_2^2 \times t_2 + k_3^2 \times t_3 + k_4^2 \times t_4)^{1/2}$$

将上述公式中 $t_1 \sim t_4$ 的单位转换为 min，则

$$t_2 = 60 \times (d^2 - k_1^2 \times t_1/60 - k_3^2 \times t_3/60 - k_4^2 \times t_4/60)/k_2^2$$

3.2.11 降温时间（min）

计算公式 =（扩散温度 – 淬火温度）×（0.5 + 装炉总重量/渗碳炉处理能力 × 0.8）

$\qquad$ =（G11 – G14）×（0.5 + D4/D3 × 0.8）

考虑到降温时间中也会进行 C 的扩散，所以，如果不将其加入计算公式中就无法进行正确条件制定的计算。由于处理重量和炉体的隔热性能的不同也会导致降温时间有差异，所以，有必要根据渗碳炉的结构修正计算公式。

装炉重量比及渗碳和淬火保温的温度差引起的降温时间的不同如图 3.2.8 所示。

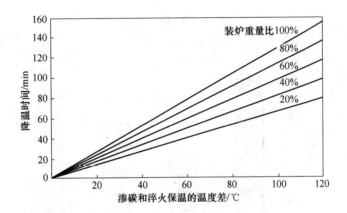

图 3.2.8　装炉重量比及渗碳和淬火保温的温度差引起的降温时间的不同

3.2.12 淬火温度（℃）

计算公式 = 855 – 81.25 × 材料成分 C% – 10 × 材料成分 Ni% +

$\qquad$ 10 × 材料成分 Cr%

$\qquad$ = 855 – 81.25 × D8 – 10 × D11 + 10 × D12

因为渗碳淬火后渗碳层和内部的 C 含量不同，所以，渗碳层表面和内部的 A_3 或者 A_{cm} 相变温度也不同（请参考图 3.2.9 Fe-C 相图）。因此，有必要根据侧重表面组织或者内部组织来调整淬火温度。为了避免渗碳层表面组织产生残余奥氏体以及心部组织析出铁素体，图 3.2.10 所示的淬火温度取的是两者的平均值。

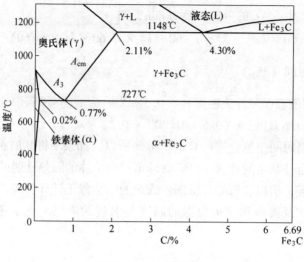

图 3.2.9　Fe-C 相图

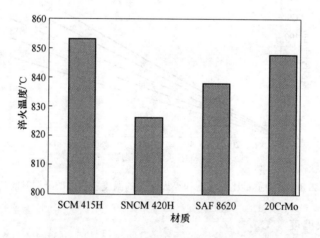

图 3.2.10　材质不同导致的淬火温度的差异

3.2.13　淬火保温时间（min）

$$计算公式 = 0.0563 \times 质量效应^{0.5} \times （扩散温度 - 淬火温度）$$
$$= 0.0563 \times D14^{0.5} \times （G11 - G14）$$

在考虑了被处理品的质量效应及扩散温度和淬火温度的差值之后再设定淬火保温时间。质量效应（被处理品的厚度尺寸）大，以及扩散温度和淬火温度的差值大时，为了确保表面和内部的温度均匀，有必要延长淬火保温时间（图3.2.11）。

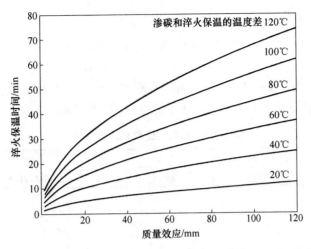

图 3.2.11 质量效应及渗碳和淬火保温的温度差引起的淬火保温时间不同

3.2.14 淬火油槽温度（℃）

计算公式 = 3.1 节数值输入的淬火油槽温度 = D6
与计算没有关系。

3.2.15 油槽淬火时间（min）

计算公式 = 质量效应/2 + 5 = D14/2 + 5

根据质量效应的大小，设定被处理品到达油温的油槽淬火时间（图 3.2.12）。

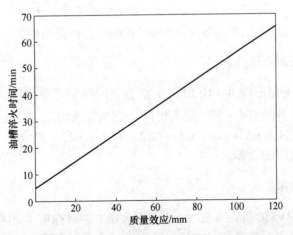

图 3.2.12 质量效应和油槽淬火时间的关系

3.2.16　渗碳 C_P 值

$$计算公式 = 0.0028 × 渗碳温度 - 1.37$$
$$= 0.0028 × G7 - 1.37$$

根据 Fe-C 相图（图 3.2.9）计算出不超出有渗碳体析出的 A_{cm} 线的 C% 的 C_P 值。表 3.2.2 和图 3.2.13 所示为渗碳温度和 C_P 值的关系。

表 3.2.2　渗碳温度和 C_P 值的关系

渗碳温度/℃	800	840	880	920	960
C_P 值	0.87	0.98	1.09	1.21	1.32

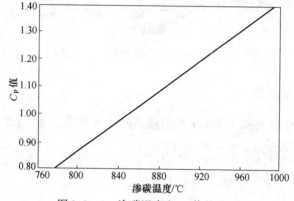

图 3.2.13　渗碳温度和 C_P 值的关系

3.2.17　扩散 C_P 值、降温 C_P 值、淬火保温 C_P 值

$$计算公式 = 表面碳含量 C\% 目标值 = D17$$

把设定的 C_P 值和被处理品表面的 C% 相同作为前提条件。

3.2.18　处理时间合计（min）

计算公式 = 升温时间 + 均热时间 + C_P稳定时间 + 渗碳时间 + 扩散时间 +
　　降温时间 + 淬火保温时间 + 油槽淬火时间
　　= G4 + G5 + G6 + G8 + G12 + G13 + G15 + G17

即各工序时间的总和。

3.2.19　全渗碳深度（mm）

计算公式 = HV550 处的深度 × (表面碳含量 C% 目标值 - 材料成分 C%)/
　　(表面碳含量 C% 目标值 - HV550 处的 C%)
　　= G26 × (D17 - D8)/(D17 - G27)

从渗碳深度和C%的关系折线大致呈直线状态这一点确定计算公式。

渗碳深度和C%的关系如图 3.2.14 所示。

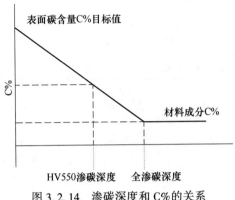

图 3.2.14　渗碳深度和C%的关系

3.2.20　总渗碳量（%·mm）

计算公式＝ 全渗碳深度 ×（表面碳含量 C% 目标值 − 材料成分 C%）/2

$\quad\quad\quad$ ＝ G23 ×（D17 − D8）/2

本书中将图 3.2.15 中的三角形面积定义为总渗碳量。

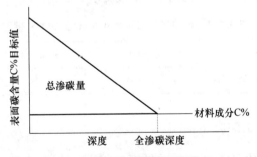

图 3.2.15　总渗碳量的计算模式

3.2.21　有效硬化深度的C%

计算公式＝（0.6 − 材料成分 C%）/（（660 + 30 ×（材料成分 Si% +

$\quad\quad\quad$ 材料成分 Mn% + 材料成分 Ni% + 材料成分 Cr% +

$\quad\quad\quad$ 材料成分 Mo%））− 渗碳层前端（内部）的硬度）×

$\quad\quad\quad$ （有效硬度 − 渗碳层前端（内部）的硬度）+ 材料成分 C%

$\quad\quad\quad$ ＝（0.6 − D8）/（（660 + 30 ×（D9 + D10 + D11 + D12 + D13））− G3）×

$\quad\quad\quad$ （D16 − G3）+ D8

此公式是以渗碳深度和 HV 硬度的相关折线以及渗碳深度和C%的相关折线

在 0.6%C 以下的内部基本呈直线状态为前提的。

渗碳深度和 HV 硬度的关系模式如图 3.2.16 所示。

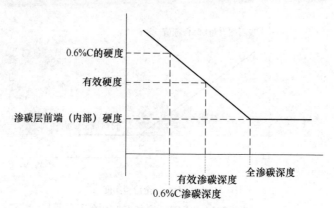

图 3.2.16　渗碳深度和 HV 硬度的关系模式

假设渗碳层 0.6%C 处的硬度对合金成分的淬火性有影响，即 HV660+30 ×（材料成分 Si%+材料成分 Mn%+材料成分 Ni%+材料成分 Cr%+材料成分 Mo%），从材料成分的 C% 就是渗碳层前端的硬度这点来看，通过比例计算出有效硬度的 C%。另外，这是排除了质量效应对 0.6%C 处的硬度造成的影响。

各种材料渗碳层 0.6%C 处的 HV 硬度见表 3.2.3。

表 3.2.3　各种材料渗碳层 0.6%C 处的 HV 硬度

材　　料	S15CK	SCM415H	SNCM420H
渗碳层 0.6%C 处的硬度 HV	681	728	759

3.2.22　HV550 处的深度（mm）

计算公式= 有效硬化深度 /（（（有效硬度 − 渗碳层前端(内部) 的硬度)/（有效硬化深度的 C% − 材料成分 C%）×（表面碳含量 C% 目标值 − 材料成分 C%）+ 渗碳层前端(内部) 的硬度) − 有效硬度) ×（（（有效硬度 − 渗碳层前端(内部) 的硬度)/（有效硬化层深度的 C% − 材料成分 C%）×（表面碳含量 C% 目标值 − 材料成分 C%）+ 渗碳层前端(内部) 的硬度) − 550)

　　= D15/（（（D16 − G3)/（G25 − D8）×（D17 − D8）+ G3) − D16) ×（（（D16 − G3)/（G25 − D8）×（D17 − D8）+ G3) − 550)

同前一节一样，此公式也是以渗碳深度和 HV 硬度的相关折线以及渗碳深度和 C% 的相关折线基本呈直线状态为前提的。

3.2.23 HV550 处的 C%

计算公式 = (550 − 渗碳层前端(内部) 的硬度) × (0.6 − 材料成分 C%)/
(660 + 30 × (材料成分 Si% + 材料成分 Mn% + 材料成分 Ni% +
材料成分 Cr% + 材料成分 Mo%) − 渗碳层前端(内部) 的硬度) +
材料成分 C%

= (550 − G3) × (0.6 − D8)/(660 + 30 ×
(D9 + D10 + D11 + D12 + D13) − G3) + D8

同前项一样，此公式也是以渗碳深度和 HV 硬度的相关折线以及渗碳深度和
C%的相关折线基本呈直线状态为前提的。

3.2.24 扩散补正系数 a

计算公式 = 730 − 30 × 材料成分 Si% − 40 × 材料成分 Mn% − 70 × 材料成分 Ni% +
50 × 材料成分 Cr% + 30 × 材料成分 Mo%

= 730 − 30 × D9 − 40 × D10 − 70 × D11 + 50 × D12 + 30 × D13

假设全渗碳深度为 d，扩散系数为 k，渗碳扩散时间为 t，它们之间的关系为
$d = k(t)^{1/2}$，那么，

$$k = 803/10^{6700/(1.8 \times 渗碳温度 + 492)}$$

为一般性的公式。此式中没有反映出因材料成分不同导致的扩散速度的差异。实
际上，含 Cr 多的材料扩散速度会变快，含 Ni 多的材料扩散速度会变慢，如果不
考虑材料的影响而使用相同的 k 值就会导致和实际数值有大的误差，无法通过计
算确定渗碳淬火条件。因此，本书中的 k 的计算公式（参考后一节内容）中根据
材料成分不同制定了补正系数。

3.2.25 渗碳温度扩散系数 k_1

计算公式 = (83 × 全渗碳深度 + 材料补正系数 a)/10^{6700/(1.8×渗碳温度 +492)}

= (83 × G23 + G28)/10^{6700/(1.8×G7+492)}

采用 $k = 803/10^{6700/(1.8×渗碳温度+492)}$ 的一般公式时，渗碳层较深时的扩散速度
也比计算值快，连同前一节的材质补正一起将其补正项（83×全渗碳深度）插入
到计算公式中。另外，本书中的计算公式出于制定上的方便，包括全渗碳深度的
定义的变更引起的补正，最终，将 $k = 803/10^{6700/(1.8×渗碳温度+492)}$ 这个一般性的公
式制定为：

$$k = (83 × 全渗碳深度 + 材料补正系数 a)/10^{6700/(1.8×渗碳温度+492)}$$

k_2、k_3、k_4 也一样。图 3.2.17 和图 3.2.18 所示为全渗碳深度和 k 的关系。

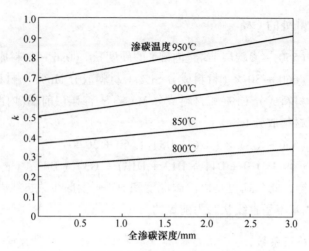

图 3.2.17　SCM415H 全渗碳深度和扩散系数 k 的关系

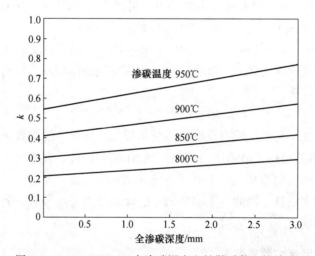

图 3.2.18　SNCM420H 全渗碳深度和扩散系数 k 的关系

3.2.26　扩散温度扩散系数 k_2

计算公式 $= (83 \times$ 全渗碳深度 $+$ 材质补正系数 $a)/10^{6700/(1.8 \times \text{扩散温度}+492)}$

$\qquad = (83 \times G23 + G28)/10^{6700/(1.8 \times G11+492)}$

3.2.27　降温温度扩散系数 k_3

计算公式 $= (83 \times$ 全渗碳深度 $+$ 材质补正系数 $a)/10^{6700/(1.8 \times(\text{扩散温度}+\text{淬火温度})/2+492)}$

$\qquad = (83 \times G23 + G28)/10^{6700/(1.8 \times(G11+G14)/2+492)}$

为方便起见，降温温度采用扩散温度和淬火温度的平均值。

3.2.28 淬火温度扩散系数 k_4

计算公式 = $(83 \times 全渗碳深度 + 材质补正系数\,a)/10^{6700/(1.8 \times 淬火温度 + 492)}$
= $(83 \times G23 + G28)/10^{6700/(1.8 \times G14 + 492)}$

3.3 修正值输入

确认过 3.2 节的计算结果之后，将那些从经验上来看与实际状态不符的数值、从炉体的性能考虑不能进行实际作业的数值，或者是出于品质和生产效率的考虑，将其加以修正后再进行输入（表 3.3.1）。

表 3.3.1　修正值输入

渗碳层前端（内部）的硬度 HV	327
升温时间/min	150
均热时间/min	25
渗碳温度/℃	930
降温时间/min	90
淬火温度/℃	850
淬火保温时间/min	20
油槽淬火时间/min	15

3.3.1　渗碳层前端（内部）的硬度（HV）

计算公式中虽然反映了 C% 和质量效应，但是，却没有反映出合金成分、淬火温度以及淬火油性能的影响。尤其是含 Ti 的淬透性良好的钢材，会导致和实际差异较大。如果此项目能够根据经验加以推测，可输入推测数值。

3.3.2　升温时间（min）

依渗碳炉的加热能力输入切合实际的数值。

3.3.3　均热时间（min）

依工件的品质要求和生产效率输入修正值。

3.3.4　渗碳温度（℃）

在考察过渗碳炉的最高加热温度、生产效率以及品质的平稳性之后输入修正值。渗碳温度设定在高温时，渗碳时间就缩短。但是，当渗碳时间在 60min 以内时，渗碳开始初期的气氛变动会对品质产生不良影响。

3.3.5　降温时间（min）

根据渗碳炉的加热能力不同会有差异。输入切合实情的数值。

3.3.6　淬火温度（℃）

在考虑过是侧重渗碳层表面金相组织还是内部金相组织之后输入修正值。如果侧重表面的金相组织就选择比计算值低的温度，如果侧重内部组织就选择比计算值高的温度。

3.3.7　淬火保温时间（min）

依工件的品质要求和生产效率输入修正值。

3.3.8　油槽淬火时间（min）

依工件的品质要求和生产效率输入修正值。

3.4　修正值计算结果

将输出代入修正值的最终计算结果（表 3.4.1）。计算公式及其内容的说明与 3.2 节的计算结果一样，故加以省略。

表 3.4.1　修正值计算结果

渗碳层前端（内部）的硬度 HV	327
升温时间/min	150
均热时间/min	25
C_P 稳定时间/min	20
渗碳温度/℃	930
渗碳时间/min	67
渗碳工序结束时的 C/%	1.23
渗碳工序结束时的渗碳深度/mm	0.73
扩散温度/℃	930
扩散时间/min	58
降温时间/min	90
淬火温度/℃	850
淬火保温时间/min	20

续表 3.4.1

淬火油槽温度/℃	100
油槽淬火时间/min	15
渗碳 C_p 值	1.23
扩散 C_p 值	0.80
降温 C_p 值	0.80
淬火保温 C_p 值	0.80
处理时间合计/min	445
全渗碳深度/mm	1.22
总渗碳量/% · mm	0.40
有效硬化深度的 C/%	0.40
HV550 处的深度/mm	0.75
HV550 处的 C/%	0.40
扩散补正系数 a	753
渗碳温度扩散系数 k_1	0.69
扩散温度扩散系数 k_2	0.69
降温温度扩散系数 k_3	0.54
淬火温度扩散系数 k_4	0.42

3.5 计算值和实际值的关系

图 3.5.1 所示为利用日本特科能株式会社生产的箱型滴注式气体渗碳炉,使用通过计算确定的渗碳淬火条件进行处理时的计算值和实际值的关系。根据气体渗碳炉的性能和操作诀窍的不同,其关系也会有不同。尤其必须要注意的是作为常数输入到带有氧探头的 C_p 计的演算中的 CO 分压。如果将此输入值设定得大,处理结果的表面 C%就会变低,如果将输入值设定得小,处理结果的表面 C%就会变高。另外,氧探头会随时间产生老化现象,所以,必须对其加以管理和保养。诸如这些虽为操作诀窍,但是,为了把握计算值和实际值的关系,或者为了品质管控,有必要定期对实际的表面 C%加以测量。

有效渗碳深度的计算输入值和实际的处理结果的关系如图 3.5.2 所示。

全渗碳深度的计算输入值和实际的处理结果的关系如图 3.5.3 所示。

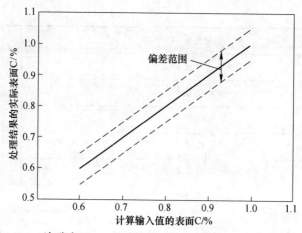

图 3.5.1　渗碳表面 C% 的计算输入值和实际的处理结果的关系

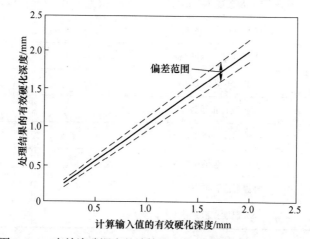

图 3.5.2　有效渗碳深度的计算输入值和实际的处理结果的关系

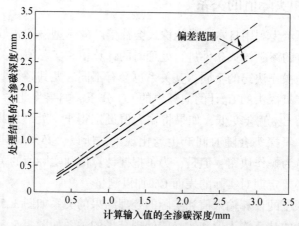

图 3.5.3　全渗碳深度的计算输入值和实际的处理结果的关系

4 通过计算确定真空渗碳淬火条件的方法

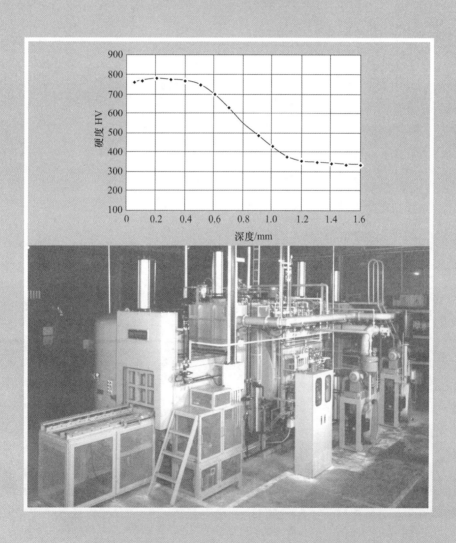

4.1 数值输入

输入计算的前提数值（表4.1.1）。

表 4.1.1 数值输入

渗碳炉处理能力/kg		1000
装炉总重量/kg		800
处理品的总渗碳表面积/m²		15
淬火油槽温度/℃		100
处理品的钢材牌号		SNCM420H
材料成分/%	C	0.20
	Si	0.25
	Mn	0.55
	Ni	1.78
	Cr	0.50
	Mo	0.23
质量效应/mm		20
有效硬化深度/mm		1.00
有效硬度 HV		550
表面碳含量 C 目标值/%		0.80

4.1.1 渗碳炉处理能力（kg）

渗碳炉处理能力指输入渗碳炉的最大处理能力。装炉重量和处理能力的比率将影响升温时间和降温时间的计算。

4.1.2 装炉总重量（kg）

装炉总重量输入包括托盘及夹具等在内的装炉总重量。其将影响升温时间和降温时间的计算。装炉量多时，升温和降温时间变长，少时则变短。

4.1.3 处理品的总渗碳表面积（m²）

计算单个处理品的整个表面积，如果处理 n 个相同的产品，那么，就利用×n 的方法算出总的表面积并加以输入。装入形状不同的数种产品时，分别计算后再进行合计。如果根据零件的形状、大小能够大概估算出总表面积时，就没有必要进行详细的计算，请直接输入经验性的估算值。虽然此数值将影响 C_2H_2 的通入量，但是实际作业中 C_2H_2 的通入量会是计算所得必需量的 2~3 倍。所以，即便总的表面积有些许的误差，也不会发生品质上的问题。

4.1.4　淬火油槽温度（℃）

输入淬火油槽的油温。同计算没有特别的关系。

4.1.5　处理品的钢材牌号

输入处理品的材质编号。同计算没有特别的关系。

4.1.6　材料成分（%，C，Si，Mn，Ni，Cr，Mo）

输入处理品的合金成分。材料的合金成分会影响渗碳性，以及渗碳层前端（内部）硬度、渗碳温度、渗碳时间、渗碳工序的全渗碳深度、全渗碳深度、总渗碳 C 量、有效渗碳深度的 C%、HV550 处的深度，HV550 处的 C% 以及扩散系数 k 的计算。

4.1.7　质量效应（mm）

输入处理品的最大厚度尺寸。会影响因质量不同而受到影响的渗碳层前端（内部）硬度、均热时间、淬火保温时间以及油槽淬火时间的计算。

4.1.8　有效硬化深度（mm）

有效硬化深度指输入处理完成后的有效硬化深度的目标值。

4.1.9　有效硬度（HV）

有效硬度指输入判定上述有效硬化深度的硬度。渗碳深度的要求是全渗碳深度且没有指定有效硬度时，请在 4.2 节的计算结果或者 4.3 节修正值输入的渗碳层前端（内部）的硬度上加上 1 再输入。其理由是出于计算公式上的方便。另外，如同后面将要讲述的那样，本书中的全渗碳深度的定义与 JIS 的定义不同，所以，如果是 JIS 定义的情况，可输入将前项的有效渗碳深度减去 10% 之后的数值。

4.1.10　表面碳含量 C%目标值

表面碳含量 C%目标值指输入处理完成后的表面碳含量 C%目标值。会影响渗碳时间、渗碳工序的渗碳深度、扩散 C_p 值、降温 C_p 值、淬火保温 C_p 值、全渗碳深度、总渗碳量以及 HV550 处的深度的计算。

4.2 计算结果

以输入到前 4.1 节中的数值为基础，输出表格计算结果（表 4.2.1）。此处主要记载了用于表格计算的公式，根据需要，将确定计算公式理由的详细说明记载在了第 5 章中。同第 3 章重复的项目只记载计算公式，而省略其内容的说明。具体情况参考第 3 章。

表 4.2.1 计算结果

渗碳层前端（内部）的硬度 HV	377
升温时间/min	152
均热时间/min	23
渗碳温度/℃	946
渗碳时间/min	92
渗碳工序结束时的表面 C/%	1.28
渗碳工序结束时的渗碳深度/mm	0.80
吸附裂解 C 量/%·mm·脉冲$^{-1}$	0.0060
C_2H_2 脉冲次数	71.5
C_2H_2 脉冲间隔时间/s	77
C_2H_2 量/L·脉冲$^{-1}$	16.6
扩散温度/℃	946
扩散时间/min	132
降温时间/min	137
淬火温度/℃	826
淬火保温时间/min	30
淬火油槽温度/℃	100
油槽淬火时间/min	15
处理时间合计/min	581
全渗碳深度/mm	1.43
总渗碳 C 量/%·mm	0.43
有效硬化深度的 C/%	0.38
HV550 处的深度/mm	1.00
HV550 处的 C/%	0.38
扩散补正系数 a	608

渗碳温度扩散系数 k_1	0.64
扩散温度扩散系数 k_2	0.64
降温温度扩散系数 k_3	0.45
淬火温度扩散系数 k_4	0.30

4.2.1   渗碳层前端（内部）的硬度（HV）

计算公式 = 1000 × 材料成分 C% + 2700/（质量效应 + 15）+ 100

= 1000 × D8 + 2700/（D14 + 15）+ 100

（参考第 3 章）

4.2.2   升温时间（min）

计算公式 =（装炉总重量 × 1000/ 渗碳炉处理能力 + 1000)/4000 × 渗碳温度 −

（装炉总重量 × 1000/ 渗碳炉处理能力 + 1308)/7.69

=（D4 × 1000/D3 + 1000)/4000 × G6 −（D4 × 1000/D3 + 1308)/7.69

（参考第 3 章）

4.2.3   均热时间（min）

$$计算公式 = 4 × 质量效应^{0.5} + 5$$
$$= 4 × D14^{0.5} + 5$$

（参考第 3 章）

4.2.4   渗碳温度（℃）

计算公式 = 200×HV550 处的深度$^{0.5}$+770−120 ×材料成分 C%

= 200×G25$^{0.5}$+770−120×D8

（参考第 3 章）

4.2.5   渗碳时间（min）

计算公式 =（渗碳工序结束时的渗碳深度 / 渗碳温度扩散系数 k_1)^2 × 60

=（G9/G28)^2 × 60

（参考第 3 章）

4.2.6   渗碳工序结束时的表面（C%）

计算公式 = 0.0028×渗碳温度−1.37 = 0.0028×G6−1.37

（参考第 3 章）

4.2.7 渗碳工序结束时的渗碳深度（mm）

计算公式 =（表面碳含量 C% 目标值 − 材料成分 C%）/

（渗碳工序结束时的 C% − 材料成分 C%）× 全渗碳深度

= （D17 − D8）/（G8 − D8）× G22

（参考第 3 章）

4.2.8 吸附裂解 C 量（%·mm/脉冲）

计算公式 = 10 ×（0.000272 ×（− 材料成分 Si% − 0.5 × 材料成分 Mn% −

0.5 × 材料成分 Ni% + 材料成分 Cr% + 0.5 ×

材料成分 Mo%）+ 0.000818）

= 10 ×（0.000272 ×（− D9 − 0.5 × D10 − 0.5 × D11 + D12 +

0.5 × D13）+ 0.000818）

气体脉冲真空渗碳法是在通入 C_2H_2 并保持 10s 之后，再将未吸附的剩余气体排出。此 10s 内吸附的气体量会根据材料合金成分的不同而不同。计算公式是根据实际的数据倒算得出的。

4.2.9 C_2H_2 脉冲次数

计算公式 = 总渗碳 C 量 %·mm/ 吸附裂解 C 量（%·mm/ 脉冲）

= G23/G10

这是用参与渗碳的 C 总量除以每 1 次脉冲吸附裂解的 C 量得出的数值。

4.2.10 C_2H_2 脉冲间隔时间（s）

计算公式 = 渗碳时间 min/C_2H_2脉冲次数×60

= G7/G11×60

这是将渗碳时间内完成所需脉冲次数的间隔时间换算成秒后计算得出的。

4.2.11 C_2H_2 量（L/脉冲）

计算公式 = 吸附裂解 C 量%·mm/脉冲 × 10 × 7.87g/cm^3×22.4L /mol/24g/mol×

总渗碳表面积 m^2+10×渗碳炉处理能力 kg/1000

= G10×10×7.87×22.4/24×D5+10×D3/1000

根据渗碳炉的大小，将用于渗碳的 C 量换算成 C_2H_2，然后再加上用于被处理品的渗碳之外的 C_2H_2 量以及剩余下来被排出的 C_2H_2 量。

4.2.12　扩散温度（℃）

计算公式＝渗碳温度＝G6

（参考第 3 章）

4.2.13　扩散时间（min）

计算公式＝60×(全渗碳深度^2–渗碳温度扩散系数^2×渗碳时间/60–降温温度
扩散系数^2×降温时间/60–淬火温度扩散系数^2×淬火保温时间/
60)/扩散温度扩散系数^2

＝60×(G22^2–G28^2×G7/60–G30^2×G16/60–G31^2×G18/60)/G29^2

（参考第 3 章）

4.2.14　降温时间（min）

计算公式＝(扩散温度–淬火温度)×(0.5+装炉总重量/
渗碳炉处理能力×0.8)

＝(G14–G17)×(0.5+D4/D3×0.8)

（参考第 3 章）

4.2.15　淬火温度（℃）

计算公式＝855–81.25×材料成分 C%–10×材料成分 Ni% + 10×材料成分 Cr%

＝855–81.25×D8–10×D11+10×D12

（参考第 3 章）

4.2.16　淬火保温时间（min）

计算公式＝0.0563×质量效应$^{0.5}$×(扩散温度–淬火温度)

＝0.0563×D14$^{0.5}$×(G14–G17)

（参考第 3 章）

4.2.17　淬火油槽温度（℃）

计算公式＝4.1 节数值输入的淬火油槽温度＝D6

（参考第 3 章）

4.2.18　油槽淬火时间（min）

计算公式＝质量效应/2+5＝D14/2+5

（参考第 3 章）

4.2.19　处理时间合计（min）

计算公式=升温时间+均热时间+渗碳时间+扩散时间+降温时间+
淬火保温时间+油槽淬火时间
=G4+G5+G7+G15+G16+G18+G20

（参考第 3 章）

4.2.20　全渗碳深度（mm）

计算公式=HV550 处的深度 ×（表面碳含量 C%目标值-材料成分 C%）/
（表面碳含量 C%目标值-HV550 处的 C%）
=G25×（D17-D8）/（D17-G26）

（参考第 3 章）

4.2.21　总渗碳 C 量（%·mm）

计算公式=全渗碳深度 ×（表面碳含量 C%目标值-材料成分 C%）/2
=G22×（D17-D8）/2

（参考第 3 章）

4.2.22　有效硬化深度的 C%

计算公式=(0.6-材料成分 C%)/（(660+30×（材料成分 Si%+材料成分 Mn%+
材料成分 Ni%+材料成分 Cr%+材料成分 Mo%））-渗碳层前端
（内部）的硬度）×（有效硬度-渗碳层前端的硬度）+材料成分 C%
=(0.6-D8)/（(660+30×（D9+D10+D11+D12+D13））-G3）×
（D16-G3）+D8

（参考第 3 章）

4.2.23　HV550 处的深度（mm）

计算公式=有效硬化深度/（（有效硬度-渗碳层前端的硬度）/（有效硬化深度
的 C%-材料成分 C%）×（表面碳含量 C%目标值-材料成分 C%）+
渗碳层前端的硬度-有效硬度）×（（（有效硬度-渗碳层前端的硬度）/
（有效硬化深度的 C%-材料成分 C%）×（表面碳含量 C%目标值-
材料成分 C%）+渗碳层前端的硬度）-550）
=D15/（（（D16-G3）/（G24-D8）×（D17-D8）+G3）-D16）×（（（D16-
G3）/（G24-D8）×（D17-D8）+G3）-550）

（参考第 3 章）

4.2.24 HV550 处的 C%

计算公式 =（550−渗碳层前端的硬度）×（0.6−材料成分 C%）/（660+30×
（材料成分 Si%+材料成分 Mn%+材料成分 Ni%+材料成分 Cr%+
材料成分 Mo%）−渗碳层前端的硬度）+材料成分 C%

$$= (550-G3) \times (0.6-D8) / (660+30 \times (D9+D10+D11+D12+D13) - G3)+D8$$

（参考第 3 章）

4.2.25 扩散补正系数 a

计算公式 =730−30 × 材料成分 Si%−40×材料成分 Mn%−70 ×材料成分 Ni%+
50×材料成分 Cr%+ 30×材料成分 Mo%

$$= 730-30 \times D9-40 \times D10-70 \times D11+50 \times D12+30 \times D13$$

（参考第 3 章）

4.2.26 渗碳温度扩散系数 k_1

计算公式 =（83 ×全渗碳深度+材料补正系数 a）/$10^{6700/(1.8 \times 渗碳温度 +492)}$

$$= (83 \times G22+G27) / 10^{6700/(1.8 \times G6+492)}$$

（参考第 3 章）

4.2.27 扩散温度扩散系数 k_2

计算公式 =（83 ×全渗碳深度+材质补正系数 a）/$10^{6700/(1.8 \times 扩散温度 +492)}$

$$= (83 \times G22+G27) / 10^{6700/(1.8 \times G14+492)}$$

（参考第 3 章）

4.2.28 降温温度扩散系数 k_3

计算公式 =（83 ×全渗碳深度+材质补正系数 a）/$10^{6700/(1.8 \times (扩散温度 + 淬火温度)/2+492)}$

$$= (83 \times G22+G27) / 10^{6700/(1.8 \times (G14+G17)/2+492)}$$

（参考第 3 章）

4.2.29 淬火温度扩散系数 k_4

计算公式 =（83 × 全渗碳深度+材质补正系数 a）$10^{6700/(1.8 \times 淬火温度 +492)}$

$$= (83 \times G22+G27) / 10^{6700/(1.8 \times G17+492)}$$

（参考第 3 章）

4.3 修正值输入

确认过 4.2 节的计算结果之后，将那些从经验上来看与实际状态不符的数值、从炉体的性能考虑不能进行实际作业的数值，或者是出于品质和生产效率的考虑，将其加以修正后再进行输入（表 4.3.1）。

表 4.3.1 修正值输入

渗碳层前端（内部）的硬度 HV	377
升温时间/min	160
均热时间/min	25
渗碳温度/℃	950
降温时间/min	150
淬火温度/℃	830
淬火保温时间/min	30
油槽淬火时间/min	15

4.4 修正值的计算结果

将输出最终的计算结果（表 4.4.1）。计算公式及其内容的说明与 4.2 节的计算结果一样，故加以省略。

表 4.4.1 修正值计算结果

渗碳层前端（内部）的硬度 HV	377
升温时间/min	160
均热时间/min	25
渗碳温度/℃	950
渗碳时间/min	86
渗碳工序结束时的表面 C/%	1.29
渗碳工序结束时的渗碳深度/mm	0.79
吸附裂解 C 量/% · mm · 脉冲$^{-1}$	0.0060
C_2H_2 脉冲次数	71.6
C_2H_2 脉冲间隔时间/s	72

C_2H_2 量/L·脉冲$^{-1}$	16.6
扩散温度/℃	950
扩散时间/min	118
升温时间/min	150
淬火温度/℃	830
淬火保温时间/min	30
淬火油槽温度/℃	100
油槽淬火时间/min	15
处理时间合计/min	584
全渗碳深度/mm	1.43
总渗碳 C 量/%·mm	0.43
有效硬化深度的 C/%	0.38
HV550 处的深度/mm	1.00
HV550 处的 C/%	0.38
扩散补正系数 a	608
渗碳温度扩散系数 k_1	0.66
扩散温度扩散系数 k_2	0.66
降温温度扩散系数 k_3	0.46
淬火温度扩散系数 k_4	0.31

4.5　计算值和实际值的关系

　　图 4.5.1 所示的是利用日本特科能株式会社生产的真空渗碳炉（直接渗碳炉），使用通过计算确定的渗碳淬火条件进行处理时的计算值和实际值的关系。此种情况下的真空渗碳是气体脉冲通入式真空渗碳法。低压定流量真空渗碳法不是本章介绍的对象。与气体渗碳相比，气体脉冲通入式真空渗碳能够进行高精度的渗碳处理。

　　有效硬化深度的计算输入值和实际的处理结果的关系如图 4.5.2 所示。

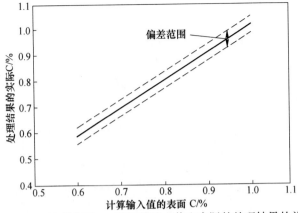

图 4.5.1　渗碳表面 C% 的计算输入值和实际的处理结果的关系

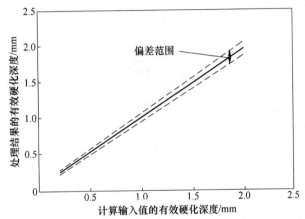

图 4.5.2　有效硬化深度的计算输入值和实际的处理结果的关系

全渗碳深度的计算输入值和实际的处理结果的关系如图 4.5.3 所示。

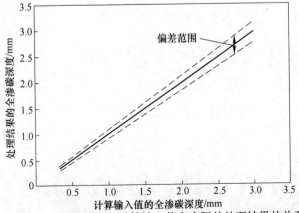

图 4.5.3　全渗碳深度的计算输入值和实际的处理结果的关系

5 计算软件相关的技术事项

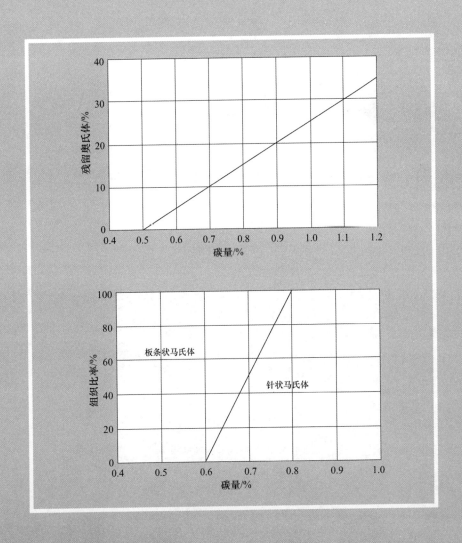

5.1 代表性的渗碳钢材（成分（%）是上下限值的平均值）

为了方便使用本计算软件，如表 5.1.1 所示，特将 JIS 渗碳用钢的成分（%）做了记载。相关数值是上下限规定值的平均值。如果没有材料成分证明表等详细的分析数据，可输入表 5.1.1 中记载的数值后利用本计算软件。因为 P 和 S 都在 0.030 以下，故加以省略。

表 5.1.1　代表性的渗碳钢材

钢材	成分/%（上下限的平均值）					
	C	Si	Mn	Ni	Cr	Mo
S 15 CK	0.155	0.25	0.45	—	—	—
S 20 CK	0.205	0.25	0.45	—	—	—
SMnC 420	0.20	0.25	1.35	—	0.53	—
SMn 420	0.20	0.25	1.35	—	—	—
SCr 415 H	0.15	0.25	0.73	—	1.05	—
SCr 420 H	0.20	0.25	0.73	—	1.05	—
SCM 415 H	0.15	0.25	0.73	—	1.05	0.25
SCM 420 H	0.20	0.25	0.73	—	1.05	0.25
SCM 822 H	0.225	0.25	0.73	—	1.05	0.40
SNC 415 H	0.15	0.25	0.50	2.23	0.38	—
SNC 815 H	0.145	0.25	0.50	3.23	0.85	—
SNCM 220 H	0.20	0.25	0.78	0.55	0.50	0.23
SNCM 420 H	0.20	0.25	0.55	1.78	0.50	0.23

即便是相同用途的钢材，其成分也会因为国家不同而出现相当大的差异，相同用途的各国钢材见表 5.1.2。

表 5.1.2　相同用途的各国钢材

类　型	C	Si	Mn	Ni	Cr	Mo
日本 SCM415H	0.15	0.25	0.73	—	1.05	0.25
美国 SAE8620	0.205	0.25	0.80	0.55	0.50	0.20
中国 20CrMo	0.205	0.27	0.55	—	0.95	0.20

表 5.1.2 中所示的各国钢材主要用于制作与汽车齿轮重量大致相当的零件。由表可知，即使是相同用途的钢材，不同国家采用了不同的合金成分，这与各国的技术发展历程有关。不管怎么说，有必要根据渗碳淬火材料的合金成分的不同

改变处理条件，无视材料成分进行渗碳淬火条件的制定是行不通的。另外，除了上述成分之外，还有使用含 Ti 等特殊合金成分的情况。特殊合金成分因为没有反映到本书的计算公式中，所以，需要对其影响加以注意。

尽管日本企业已经正式进行海外生产很久了，但是，在当地进行材料（材质）的选择和渗碳淬火条件的制定方面还是会犯很大的错误。材料采购的负责人想努力采购和日本相同品质的东西，热处理负责人想采用和日本相同的热处理条件。结果，一旦发生零件的耐久性问题，相互间都会坚持说什么都同日本一样，从而相互推诿责任，以致无法解决问题。一个实际的案例是，有一家公司计划在中国进行当地化生产而展开了调查。结果发现，无法采购到和日本相同级别的材料，也无法进行像日本那样的高品质热处理，所以，计划就终止了。"地点变了东西也会变"，以各国情况完全不同为前提，为了使结果（零件的强度、耐久性）和日本一样，难道不应该研讨一下必须将某些方面做得与日本不一样才能行得通吗？在当地生产时，如果不得不采购和日本不同的材料，那么，热处理也必须是适合于与日本不同的当地材料的处理条件才行。如果以此为前提，事情就好办多了。

5.2　材料的成分 C%和处理时间

渗碳是使 C 渗入并扩散的处理。如果材料的 C 比例高，渗入扩散所需的 C 量就少，所以，渗碳时间变短；如果材料的 C 比例低，渗入扩散的 C 量变多，渗碳时间也会变长。

材料 C%和渗碳量的关系如图 5.2.1 所示。

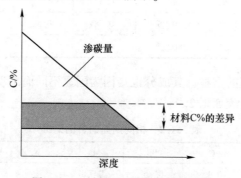

图 5.2.1　材料 C%和渗碳量的关系

因此，如果分别使用 SCM415H 和 SCM420，就需要改变渗碳时间。

5.3　相同钢材的渗碳性能差异

即便是相同名称的钢材，因为其合金成分的构成规格值有范围，所以，根据影响渗碳能力成分的多少，其渗碳时间也会有差异。其影响程度如何，现以装炉重量 80%、材质 SCM415H、质量效应 20mm，有效渗碳深度 0.6mm（HV550）、渗碳表面 0.8%C、渗碳温度 910℃、淬火温度 850℃为例计算一下。

影响渗碳性能的材质成分的上下限值见表 5.3.1。

表 5.3.1 影响渗碳性能的材质成分的上下限值

界限值	成分/%				
	C	Si	Mn	Cr	Mo
阻碍渗碳性能的界限值	0.12	0.35	0.90	0.85	0.15
促进渗碳性能的界限值	0.18	0.15	0.55	1.25	0.35

材质成分的上下限值导致的处理时间的差异见表 5.3.2。

表 5.3.2 材质成分的上下限值导致的处理时间的差异

界限值	处理时间/min							
	升温	均热	稳定	渗碳	扩散	降温	保温	油槽	合计
阻碍渗碳性能的界限值	136	23	20	77	58	65	14	15	407
促进渗碳性能的界限值	136	23	20	61	45	65	14	15	379

通过计算，渗碳时间+扩散时间产生了 28min 的差异。对于材质的规格范围，需要注意实际提供的钢材的品质偏差状况。尤其需要留意的是发展中国家的钢材的品质水平和日本的水平不同。

5.4 有效硬化深度和有效硬度

大约在 50 年以前，渗碳深度的品质要求是全渗碳深度。不久之后就变为 HV513 的有效硬化深度，而现在几乎都变为 HV550。为什么会出现这种变迁呢？这样做的原因是，使其与评价渗碳深度和强度之间关系的方法更为接近。如果是表面硬度和全渗碳层深度的要求，渗碳层的硬度分布就会变得模棱两可，出现图 5.4.1 所示的情况。尽管表面硬度和全渗碳深度两方面都相同，但是，比较强度就会发现它们有大的差异。A 强度大于 B 强度。

通过指定 HV550 处的渗碳深度，就能得知渗碳深度和强度之间关系。

因为品质要求从全渗碳深度变为有效硬化深度，所以热处理现场的品质检查方法也特指有效硬度的渗碳深度测量，误以为全渗碳深度的测量不需要了或者没意义的情况也变得多起来。

但是，借助 HV 一直测量到全渗碳深度的硬度分布测量数据是能够验证渗碳品质和生产效率的宝贵数据。

如果表面硬度和有效硬化深度一样，那么，强度也一样吧？其实，这种说法

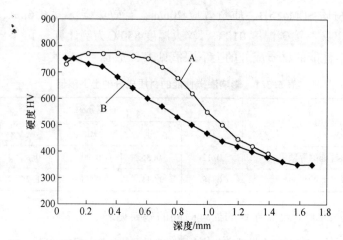

图 5.4.1　即使全渗碳深度相同，渗碳层的强度也存在差异的实例

未必正确。如图 5.4.2 所示，A 和 B 的表面硬度和有效硬化深度都一样。但是，耐久性能方面 A 好，生产效率方面 A 的处理时间短，能够进行低成本的加工。A 的全渗碳深度浅，处理时间短，而 B 的全渗碳深度深，处理时间长。如果检查数据只记录到有效硬度附近为止，那么，就无法进行这样的分析。

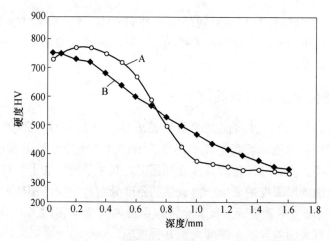

图 5.4.2　即使有效硬化深度相同，强度和生产能力也存在差异的实例

5.5　表面碳含量 C%目标值

关于表面碳含量 C%目标值，首先必须要考虑的就是渗碳淬火后有磨削等工序，作为最终产品的最表面到底位于渗碳深度的哪个位置呢？必须完全忽视在后道的磨削等加工中消失的部分进行渗碳淬火处理。其次，在考虑过上述内容之后，就是确定作为产品完成时的表面碳含量 C%目标值要设定到什么值。基于品

质和生产效率的考量，笔者推荐 0.8% ~ 1.0%C 是标准状况。如果以工具钢的 C%量作为参考，它一定是能够充分确保强度的 C%量。

　　我感觉，把渗碳淬火后的残余奥氏体和渗碳体析出当作问题来看待的人很多。思考一下工具钢的情况，先不考虑网状渗碳体，如果是球状渗碳体就不成问题。说到残余奥氏体，如果是超精密零件，不允许在后续的时效相变中发生尺寸变化，那么，的确没有残余奥氏体会更好。但是，实际情况是，几乎无法确认 20%以下的残余奥氏体会对强度产生不良影响。1965 年左右，笔者所在的单位为了将残余奥氏体转变为马氏体，花巨资购置了深冷设备，但是，几年之后就报废不用了。

　　有残余奥氏体存在，就是保证了充分的 C%，只要没有过度的硬度偏低现象，其品质是可以得到保证的。如果在显微镜下观察渗碳淬火后的金相组织，残余奥氏体能够马上辨别出来。而如果拘泥于这些，要想更改渗碳淬火条件使其获得没有残余奥氏体的组织，将陷入一个巨大的陷阱中。遗憾的是，这样的实例太多了。通过观察没有残余奥氏体状态下的组织来预测 C%，需要相当熟练的技能。因为即便是 0.6%的 C，硬度也会满足要求，所以，很多情况下都不会觉察到因为 C%不足而导致强度偏低这一现象。

　　渗碳淬火是让 C 渗入的工作。C 的测量分析是品质管控上不可或缺的重要项目。教科书性质的热处理技术出版物中至今仍记载着火花试验。依靠这样的方法能够进行品质管控吗？或者说，它能够成为促使渗碳淬火条件修改的数据吗？答案是不行。如果要准备一笔费用来培养能够进行火花试验的技术人员，倒不如购置一台光谱分析仪，那会更加便宜和有用。如果让可以在所知的范围内列举火花试验的事例，笔者看到过钢材的批发商使用手动砂轮机对库存的钢材加以打磨判定钢材的种类。另外，在电视报道中也看到过做日本刀的名匠凭借在加热锻打时飞溅的火花来推断 C%。我想，其运用实例也不过如此。还有，火花试验没有明确的测量数据保留也是一个问题。

5.6　表面碳含量 C%目标值和处理时间

　　指定有效硬化深度为有效硬度 HV550 附近这种情况，或许大家都感到意外，但是，表面的 C%设定得高时，全渗碳深度变浅、处理时间变短；C%设定得低时，全渗碳深度变深、处理时间变长。其模式图如图 5.6.1 所示。

5.7　渗碳 C%的分布曲线

　　如图 5.7.1 所示，渗碳工序的 C%分布几乎呈直线状态。

　　在渗碳结束后的扩散、降温、淬火保温的温度和时间作用下 C 会扩散，C%的分布曲线发生如图 5.7.2 所示的变化。

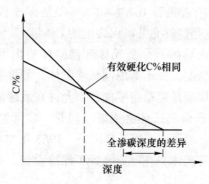

图 5.6.1　表面碳含量 C%目标值和全渗碳深度的关系

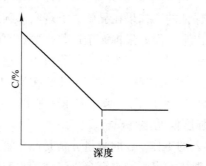

图 5.7.1　渗碳工序的 C%分布

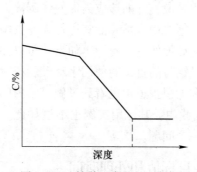

图 5.7.2　扩散工序的 C%分布

　　思考这种现象就会发现，在持续渗碳时，始于表面的 C 的吸附、裂解及渗入是有一定的压力在施加着。在此期间，C 浓度的分布如图 5.7.3 所示，呈现出直线倾斜状态。

　　渗碳工序结束进入扩散工序，始于表面的 C 的渗入压力就会消失，表面附近的 C 浓度压力降低，扩散后 C 浓度分布如图 5.7.4 所示。

　　另外，本书中为了使计算公式简单化，最终的 C%浓度曲线也是作为直线处理的，但是实际上它并不是直线。为了与实际的结果相吻合，在计算公式中加入了补正系数加以调整。

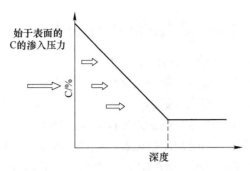

图 5.7.3 渗碳工序的 C 渗入压力状态

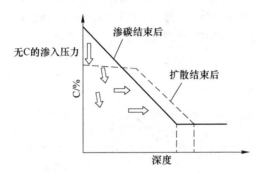

图 5.7.4 扩散工序的 C% 分布

5.8 预测渗碳淬火后的表面 C%

虽然借助光谱分析仪来分析测量渗碳淬火后表面附近的 C% 比较切实可靠，但是，现实情况是很多热处理公司出于成本考量并没有购置这种设备。前面也讲过，渗碳淬火就是让 C 渗入并扩散的工作，所以，原本在品质要求里面就应该加上 C% 的测量要求。如果是只要满足硬度要求就行了，倒也无妨，但是从经验上得知，表面硬度即使相同，表面的 C% 的差异也会对品质带来重大的影响，有时候甚至会在售后发生问题。热处理后实物的品质确认，除了进行破坏检查以外别无他法，售后发生的问题有可能是大问题。如果无法进行依靠碳元素分析的品质确认，那么，在日常的生产活动中用其他方法替代就行了。

作为渗碳淬火后的品质确认方法，一般会借助显微镜做表面的组织检查，但是，要做到预测表面的 C%，则需要相当丰富的经验。虽然残余奥氏体和渗碳体的观察相对容易，但是，因渗碳不足导致的低 C% 组织的判别则相当困难。在笔者长年直接从事与热处理现场相关的工作生涯中，监察员指出的问题几乎都是残余奥氏体，能够辨别出低 C% 并加以指出的监察员非常稀少。最糟糕的情况是因为腐蚀不充分，甚至会出现反将低 C% 导致的硬度不良误判断为是高 C% 的残余奥氏体引起的。

5.9   从硬度分布（HV）和金相组织上预测表面 C%的方法

现介绍笔者使用的预测表面的 C%的方法。首先，分析 HV 测量得到的硬度分布，预测几种可能性；然后，借助显微镜进行最终确认后加以判定。淬火最高硬度（极限硬度）与 C%有关，如图 5.9.1 中的实线所示。虽然 Cr、Mo 等的合金成分和淬透性有关系，但是，与最高硬度无关。使用合金成分的目的在于提高淬透性，使淬火后硬度低的时候能接近最高硬度。渗碳淬火后的表面附近的硬度和 0.2%~0.6%C 的关系如图 5.9.1 中的点线所示。正确地说，渗碳淬火条件下的碳含量和硬度的关系会因材料不同而有所差异，但在这里作为大概预测表面 C%的方法，假设 0.4%C 的硬度为 HV550，0.6%C 的硬度为 HV700，为了预测表面的 C%，将利用 C%和 HV 硬度之间的直线性关系。

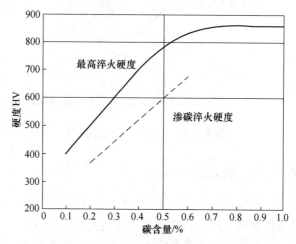

图 5.9.1　碳含量和淬火硬度的关系

借助图 5.9.2 来做说明。假设材质为 SCM415H，材料的 C%为 0.15，渗碳后的淬火温度为 850℃。硬度分布的数据如图 5.9.2 所示，需要制作出截止到渗碳层前端（内部）的曲线。

（1）在 HV400~700 的倾斜处划一条直线。

（2）在硬度轴上划一条延长线。

（3）在渗碳层前端（内部）硬度、HV550、HV700、硬度倾斜线和硬度轴的交叉点上各自划一条与渗碳深度相平行的直线。

（4）假设渗碳层前端（内部）硬度的 C%为 0.15，HV550 的 C%为 0.4，HV700 的 C%为 0.6。

（5）在图上量取平行线的间隔尺寸，根据比例计算确定硬度倾斜线和硬度轴的交叉点的 C%。图 5.9.2 的情况下是 1.16%。

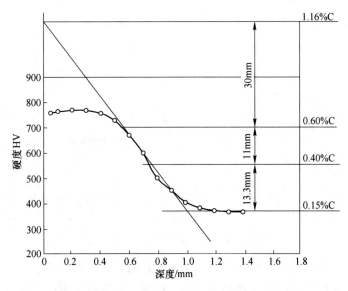

图 5.9.2　预测表面的 C%的方法

（6）从以上的分析中预测出表面的 C%在 1.16%以下。

（7）确认有无渗碳体析出。850℃淬火，如有渗碳体析出，碳含量在 1.1%以上。（参考图 3.2.9Fe-C 相图）

（8）确认残余奥氏体的量。从图 5.9.3 得知 0.6%C 的残余奥氏体量大约为5%，0.9%C 的残余奥氏体量大约为 20%。

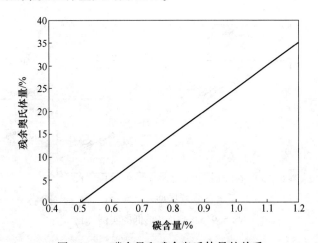

图 5.9.3　碳含量和残余奥氏体量的关系

（9）确认马氏体的形貌。在 850℃左右的温度下进行淬火时，因为碳含量的不同，马氏体的形貌也会不同，所以，参考图 5.9.4 推测出碳含量。

如果按照以上顺序，利用图 5.9.2、Fe-C 相图、图 5.9.3 和图 5.9.4 进行确

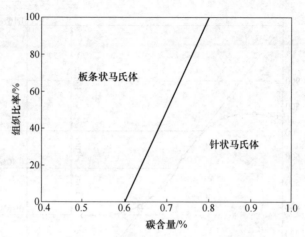

图 5.9.4　碳含量和马氏体形貌的关系

认，基本上可以正确地预测出表面的 C%。表面的 C% 和金相组织，其本身并无好坏之分，关键是要符合处理品的功能、性能、品质以及生产效率等目标。针对这些目标，需要相关方法来判断处理的结果正确与否，可以说预测表面 C% 是重要的品质项目。在下面的章节中将介绍预测表面 C% 的实例。

5.9.1　表面的 C% 低的实例（1）

图 5.9.5 所示的硬度分布为从最表面开始呈现出直线降低状态，表面碳含量为 0.65%。

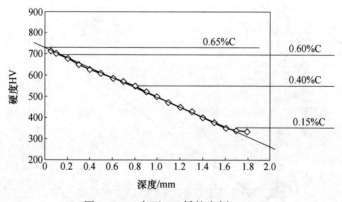

图 5.9.5　表面 C% 低的实例（1）

5.9.2　表面的 C% 低的实例（2）

在图 5.9.6 的实例中，能够推测出表面的 C% 为 0.60% ~ 0.90%。同时，在显微镜下观测发现几乎没有残余奥氏体存在，而且，马氏体的形状也为板条状，

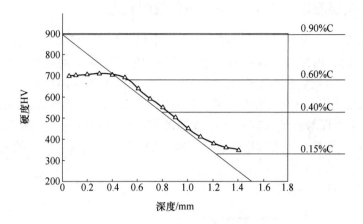

图 5.9.6　表面 C% 低的实例（2）

所以，判定出表面的 C% 为 0.60%。为了区分板条状马氏体和针状马氏体，通过一般的组织照片很难判断，需在显微镜下直接观察。同时，判定也需要一定程度的眼力。

5.9.3　表面的 C% 高的实例

在图 5.9.7 的实例中，观测到最表面的残余奥氏体为 30%，针状马氏体为 100%。判定最表面的 C% 为 1.1%。

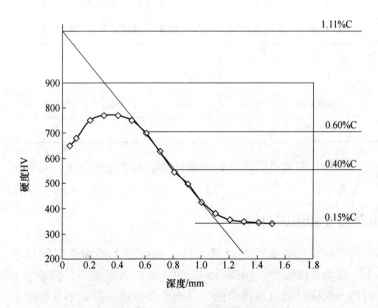

图 5.9.7　表面的 C% 高的实例

5.10　渗碳层前端（内部）硬度和有效硬化深度

假设将质量效应不同的 2 个零件放在完全相同的渗碳淬火条件下处理。一个零件因为壁薄，内部硬度高；另一个零件因为壁厚，内部硬度低，其结果如图 5.10.1 所示，有效硬化深度产生了差异。但是，因为两者都是在同一个渗碳条件下处理的，所以，C% 的分布一样。也有因为渗碳层最表面附近的冷却速度快、C% 高，不会出现因质量效应不同导致的硬度有差异的情况。如图 5.10.1 及表 5.10.1 所示的那样，因为质量效应的不同，在渗碳层的 C% 和硬度的关系中产生了差异。

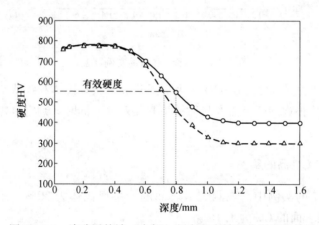

图 5.10.1　渗碳层前端（内部）硬度和有效硬化深度的关系

表 5.10.1　渗碳层前端（内部）硬度和有效硬化深度的关系

深度/mm		0	0.2	0.4	0.8	1.2
C/%		0.8	0.75	0.7	0.4	0.15
硬度 HV	壁薄零件	750	780	770	550	400
	壁厚零件	750	780	770	460	300

质量效应不同，即便是同样的处理条件和同样的 C% 分布，有效硬化深度也会有差异。壁厚零件为 0.72mm（HV550），壁薄零件为 0.80mm，差异很大。

5.11　渗碳温度和渗碳时间

本书中用来确定渗碳温度的计算公式，在设计上使渗碳时间处于 60min 左右。基本上，提高渗碳温度，渗碳时间变短、生产效率提高。但是，如果过度地缩短渗碳时间，渗碳开始时不稳定的气氛会给渗碳品质带来不良影响。

假设材质为 SCM415H，质量效应为 20mm，装炉重量比为 80%，有效渗碳深度为 0.5mm（HV550），表面碳含量 C% 目标值为 0.8，表 5.11.1 所示的是本书的计算公式得出的渗碳温度与其他的渗碳温度下的渗碳时间的差异。

表 5.11.1　渗碳温度和渗碳时间的关系

渗碳温度/℃	870	880	893	900	910	920	930
渗碳时间/min	96	79	62	55	46	39	32

注：本书软件的计算结果。

5.12　C_P 设定值和渗碳表面 C% 的关系

以氧探头测量 O_2 分压为基础演算出来的 C_P 值与渗碳层表面的 C% 没有直接的关系。虽然 O_2 分压的大小会控制渗碳气体的吸附和裂解，但是，从感觉上而言，情况如下。例如，将 C_P 值设定为 1.2 进行渗碳时，预估渗碳层表面的 C% 到达 1.2% 是渗碳开始后大约 1h。C_P 设定值为 1.2 时的渗碳进行时间和表面 C% 的关系，如图 5.12.1 所示。

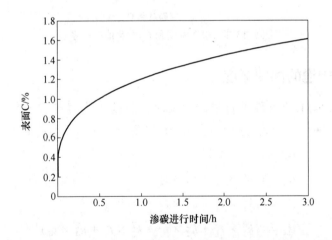

图 5.12.1　C_P 设定值为 1.2 时的渗碳进行时间和表面 C% 的关系

渗碳开始至结束期间的每单位时间下的 C 的渗入不是一直处于相同量，而是随着时间推进而降低。其理由是，渗碳开始初期，C 固溶的 Fe 晶格空间的间隙大，C 容易渗入；而随着渗碳时间的推进，晶格空间被 C 填埋后，C 变得难以渗入。

5.13　渗碳温度和 C_P 设定值的关系

这跟前一节的内容有一定关系，为了在渗碳持续 1h 左右时不超出 Fe-C 相图（图 3.2.9）的 A_{cm} 线（渗碳体的析出线）而设定渗碳温度和 C_P 值。

渗碳温度和 C_P 设定值的关系见表 5.13.1。

表 5.13.1　渗碳温度和 C_p 设定值的关系

渗碳温度/℃	800	840	880	920	960
C_p 值	0.87	0.98	1.09	1.21	1.32

渗碳温度和 C_p 设定值的关系如图 5.13.1 所示。

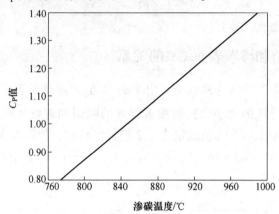

图 5.13.1　渗碳温度和 C_p 设定值的关系

5.14　处理中途的渗碳深度

按照图 5.14.1 的条件进行渗碳淬火时，假设 T 为温度（℃），k 为扩散系数，t 为时间（h），那么，处理中途的全渗碳深度 d(mm) 会有如下关系公式：

$$d_1 = \left(k_1^2 \times t_1 \right)^{1/2}$$

$$d_2 = \left(k_1^2 \times t_1 + k_2^2 \times t_2 \right)^{1/2}$$

$$d_3 = \left(k_1^2 \times t_1 + k_2^2 \times t_2 + k_3^2 \times t_3 \right)^{1/2}$$

$$d_4 = \left(k_1^2 \times t_1 + k_2^2 \times t_2 + k_3^2 \times t_3 + k_4^2 \times t_4 \right)^{1/2}$$

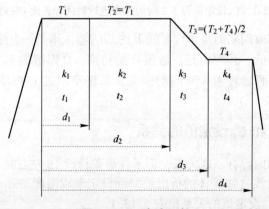

图 5.14.1　渗碳工序

代入 $d_{1\sim3}$，会得到以下公式：

$$d_1 = (k_1^2 \times t_1)^{1/2}$$

$$d_2 = (d_1^2 + k_2^2 \times t_2)^{1/2}$$

$$d_3 = (d_1^2 + d_2^2 + k_3^2 \times t_3)^{1/2}$$

$$d_4 = (d_1^2 + d_2^2 + d_3^2 + k_4^2 \times t_4)^{1/2}$$

作为这些相关公式的应用，可以进行以下的计算。

例如，渗碳扩散后进行空冷、二次淬火时，或者因为某种理由需要进行补充渗碳时，假设第一次处理结束后的全渗碳深度为 d_4，作为第二次渗碳淬火，其渗碳、降温、淬火保温、淬火之后的全渗碳深度为：

$$d_{24} = (d_4^2 + k_{21}^2 \times t_{21} + k_{22}^2 \times t_{22} + k_{23}^2 \times t_{23} + k_{24}^2 \times t_{24})^{1/2}$$

即可以倒算出来二次渗碳淬火的条件。

d_{24}、k_{21}、t_{21} 等表示的是第二次处理的全渗碳深度、扩散系数以及处理时间。

5.15　有效硬化深度和全渗碳深度的关系

前一节的计算公式是使用全渗碳深度进行计算的。因此，将有效硬化深度作为品质要求时，有必要将有效硬化深度换算成全渗碳深度再加以计算。

全渗碳深度＝有效硬化深度 ×（渗碳表面 C%−材料 C%）／
（渗碳表面 C%−有效硬化深度 C%）

此计算公式是以渗碳后的 C% 的分布大致呈直线状态为前提条件的。如果是渗碳深度深、扩散时间长的处理，渗碳表面的 C% 的分布梯度变缓，会产生误差，故在实际运用时，会在计算公式中加入补正系数，从而将此误差调整到合适范围内。

图 5.15.1 所示为有效硬化深度和全渗碳深度的关系。

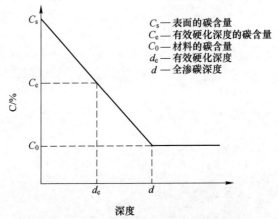

图 5.15.1　有效硬化深度和全渗碳深度的关系

6 计算软件的应用实例

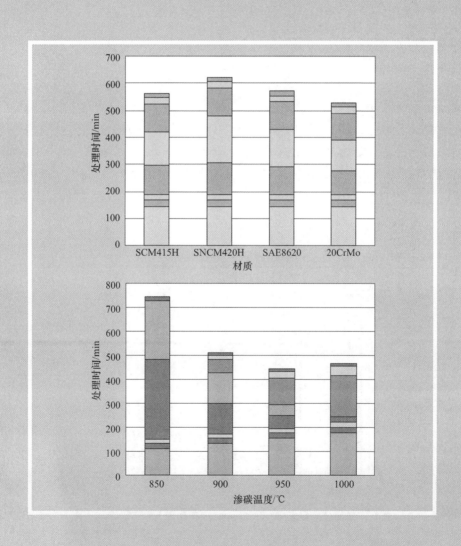

到底如何确定渗碳淬火的处理条件呢？对于初次在自己公司内部进行渗碳淬火的公司来说，因为没有经验上的诀窍，所以可通过炉子供应厂家技术人员的帮助进行试做，然后找出满足品质要求的处理条件。之后，在对新的产品进行渗碳淬火时，会以过去的经验为基础，决定好假想的条件，然后再一边试做一边找出满足目标品质的处理条件。

但是，如果继续按照上述的方法确定渗碳淬火的条件，公司或许会有疑问，自己公司的处理条件与其他公司相比较是有竞争力，还是没有竞争力呢？通过本书的计算方法确定的渗碳淬火的处理条件是按照标准的处理条件制定的。但是，尽管如此，待解决的课题还是有很多，例如给个别的处理品提供最佳的品质，或者重视生产效率想在短时间内完成处理，等等。针对这些课题，在"改变处理条件的某项内容后，结果会变得怎么样"这方面，本书的计算软件将提供很大的帮助。以下是几个项目展示计算实例。

气体渗碳和真空渗碳通用项目的计算实例完全相同。作为其各自的特殊项目，气体渗碳是指C_P稳定时间和渗碳—淬火保温的C_P值，而真空渗碳的特殊项目是指处理品的总渗碳表面积、吸附裂解 C 量、C_2H_2脉冲次数、C_2H_2脉冲间隔时间以及C_2H_2量。以下的计算实例，除了其中一例之外，都是以气体渗碳为对象的。真空渗碳的情况下，因为没有C_P稳定时间，所以，将实例中的此部分时间减去后就变成真空渗碳的计算实例。

6.1 装炉总重量和处理时间的关系

以材质 SCM415H、质量效应 20mm、有效硬化深度 0.8mm（HV550）、表面碳含量 C%目标值 0.8%为例，试计算装炉总重量和处理时间的关系。所谓装炉比是指装炉总重量和渗碳炉的处理能力之比。表 6.1.1 及图 6.1.1 为装炉总重量和处理时间的关系。

表 6.1.1 装炉总重量和处理时间的关系

装炉比/%	处理时间/min								
	升温	均热	C_P稳定	渗碳	扩散	降温	淬火保温	油淬	合计
20	83	23	20	74	94	51	20	15	380
40	104	23	20	74	86	64	20	15	406
60	124	23	20	74	79	76	20	15	431
80	145	23	20	74	71	88	20	15	456
100	165	23	20	74	63	101	20	15	481

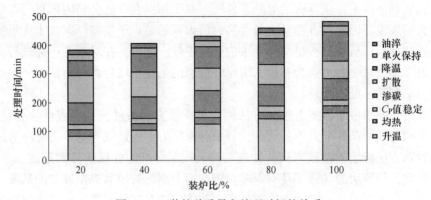

图 6.1.1　装炉总重量和处理时间的关系

随着装炉总重量的增加，升温时间和降温时间会变长。由于降温时间变长后，在此期间进行的碳的扩散深度会变深，所以，渗碳后的扩散处理时间要制定的短些。因为即便将装炉量增加 2 倍，合计处理时间也只会增加 10% 左右，所以，生产效率的提高是依靠装炉重量的最大化来实现的。

6.2　相同处理条件下变更装炉总重量时的误差

原则上，热处理作业会制定作业标准，然后一直按照固定的装炉重量来操作。但是，如果因为某种原因难以保证固定的装炉量，或者按照作业标准必须规定装炉量的上下限时，就有必要把握因装炉量的变动导致的误差。在前一节实例中，以假设装炉比 60% 为标准，研究在相同条件下增减装炉量时对渗碳品质的影响。此时，升温时间和降温时间一般是不进行控制的，其他时间则同装炉比为60% 时一样。

变更装炉总重量时的条件变化见表 6.2.1。

表 6.2.1　变更装炉总重量时的条件变化

装炉比/%	处理时间/min								
	升温	均热	C_P 稳定	渗碳	扩散	降温	淬火保温	油淬	合计
20	83	23	20	74	79	51	20	15	365
40	104	23	20	74	79	64	20	15	399
标准 60	124	23	20	74	79	76	20	15	431
80	145	23	20	74	79	88	20	15	464
100	165	23	20	74	79	101	20	15	497

变更装炉总重量时的品质变化见表 6.2.2。

表 6.2.2 变更装炉总重量时的品质变化

装炉比/%	全渗碳深度/mm	有效硬化深度/mm	表面 C/%
20	1.251	0.788	0.825
40	1.275	0.794	0.812
标准60	1.300	0.800	0.800
80	1.324	0.805	0.788
100	1.347	0.810	0.777

从上述资料可以看出，即便装炉重量有±50%的变动，也不会有特别大的影响。

6.3 材料成分和处理时间的关系

以代表性的钢材 SCM415H、SNCM420H、SAE8620、20CrMo（中国规格）为例，计算材料成分不同导致的处理时间的差异。计算的输入值为，装炉重量比80%，有效硬化深度 1.0mm（HV550），表面碳含量 C%目标值 0.8，质量效应 20mm，渗碳温度 930℃，淬火温度 840℃。

表 6.3.1、图 6.3.1 所示为各种钢材的处理条件的差异。

表 6.3.1 各种钢材的处理条件的差异

钢材	处理时间/min								
	升温	均热	C_p稳定	渗碳	扩散	降温	淬火保温	油淬	合计
SCM415H	144	23	20	111	131	103	23	15	570
SNCM420H	144	23	20	121	171	103	23	15	620
SAE8620	144	23	20	103	139	103	23	15	570
20CrMo	144	23	20	89	112	103	23	15	529

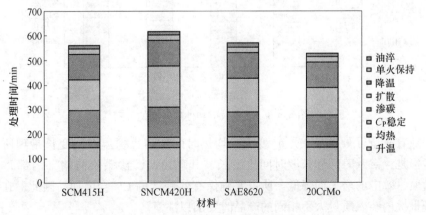

图 6.3.1 各种钢材的处理条件的差异

因材质成分的影响，渗碳时间和扩散时间会产生差异。Cr 和 Mo 会提高渗碳性、Si、Mn 以及 Ni 会阻碍渗碳性。尤其是含 Ni 多的材料，与不含 Ni 的材料相比，其渗碳及扩散的时间会变长，所以，制定渗碳条件时不能无视材料成分的影响。

6.4　质量效应和处理时间的关系

以装炉重量比 80%，材质 SCM415H，有效硬化深度 0.8mm（HV550），表面碳含量 C% 目标值 0.8% 为例，计算在渗碳温度 930℃ 的情况下，因质量效应 5～80mm 的差异导致的处理时间的不同。

表 6.4.1、图 6.4.1 所示为质量效应和处理时间的关系。

表 6.4.1　质量效应和处理时间的关系

质量效应 /mm	处理时间/min								
	升温	均热	C_P 稳定	渗碳	扩散	降温	淬火保温	油淬	合计
5	145	14	20	65	59	89	10	8	410
10	145	18	20	70	66	89	14	10	432
20	145	23	20	76	73	89	20	15	461
40	145	30	20	80	78	89	28	25	495
80	145	41	20	83	80	89	39	45	542

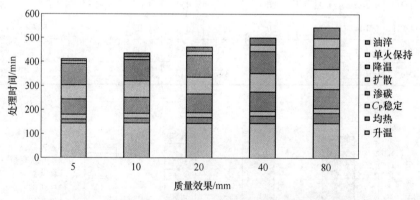

图 6.4.1　质量效应和处理时间的关系

随着质量（处理品壁厚）变大，均热时间及淬火保温时间变长是理所当然的，但是，渗碳时间和扩散时间也变长。其理由是，渗碳层前端（内部）的硬度随质量效应的增大而降低，所以要确保有效硬度的 C% 会增加。因此，在同一处理批次内装入质量大不相同的产品时要加以注意。

6.5　有效硬化深度和处理时间的关系

以装炉重量比 80%，材质 SCM415H，质量效应 20mm，表面碳含量 C%目标值 0.8%为例，探求有效硬化深度（HV550）和处理时间的关系。图 6.5.1 中的（）内记载了各个渗碳温度。

表 6.5.1、图 6.5.1 所示为有效硬化深度和处理时间的关系。

表 6.5.1　有效硬化深度和处理时间的关系

有效硬化深度/mm	处理时间/min								
	升温	均热	C_p稳定	渗碳	扩散	降温	淬火保温	油淬	合计
0.2	104	23	20	31	20	0	0	15	231
0.4	121	23	20	53	30	29	6	15	297
0.8	145	23	20	76	73	89	20	15	461
1.6	145	23	20	239	363	89	20	15	916

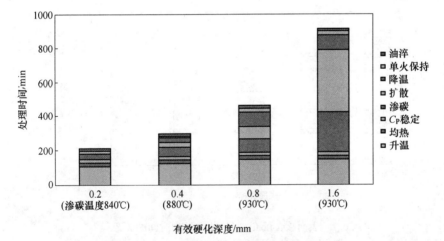

图 6.5.1　有效硬化深度和处理时间的关系

考虑过生产效率之后，制定满足有效硬化深度要求的最佳渗碳温度。如果计算值的渗碳温度超出渗碳炉的最高加热温度，生产效率会相对地降低。图 6.5.1 中的渗碳炉的最高加热温度是 930℃。

6.6　表面碳含量 C%目标值和处理时间的关系

以装炉重量比 80%，材质 SCM415H，质量效应 20mm，有效硬化深度 0.8mm

（HV550）为例，探求表面碳含量 C%目标值和处理时间的关系。渗碳温度 930℃，淬火温度 850℃。

表6.6.1、图6.6.1 所示为表面碳含量 C%目标值和处理时间的关系。

表6.6.1　表面碳含量 C%目标值和处理时间的关系

表面碳含量 C%目标值	处理时间/min								
	升温	均热	C_P稳定	渗碳	扩散	降温	淬火保温	油淬	合计
0.6	145	23	20	63	242	89	20	15	617
0.7	145	23	20	67	131	89	20	15	510
0.8	145	23	20	76	73	89	20	15	461
0.9	145	23	20	87	33	89	20	15	432
1.0	145	23	20	101	2	89	20	15	415

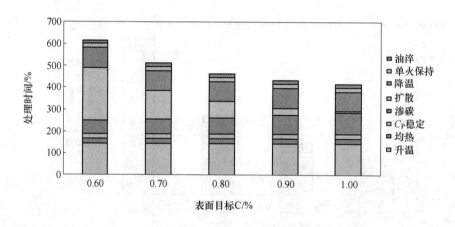

图6.6.1　表面碳含量 C%目标值和处理时间的关系

　　表面碳含量 C%目标值设定得低，生产效率会降低。即便能满足表面硬度及有效硬化深度等的品质要求，也会在渗碳层表面的 C%最终变低时，在人们毫无察觉的情况下阻碍生产效率。为了提高生产效率，关键是将表面碳含量 C%目标值设定得高些。

6.7　渗碳层前端（内部）硬度和处理时间的关系

　　以装炉重量比 80%，材质 SCM415H，有效硬化深度 0.8mm（HV550），表面碳含量 C%目标值 0.8%为例，探求渗碳层前端（内部）硬度和处理时间的关系。质量效应和淬火油的冷却性能不同导致的渗碳层前端（内部）硬度的差异会对处理时间带来影响。

表 6.7.1、图 6.7.1 所示为渗碳层前端（内部）硬度和处理时间的关系。

表 6.7.1 渗碳层前端（内部）硬度和处理时间的关系

渗碳层前端硬度 HV	处理时间/min								
	升温	均热	C_P稳定	渗碳	扩散	降温	淬火保温	油淬	合计
250	145	23	20	87	95	88	20	15	493
300	145	23	20	80	81	88	20	15	472
350	145	23	20	72	66	88	20	15	449
400	145	23	20	63	51	88	20	15	425

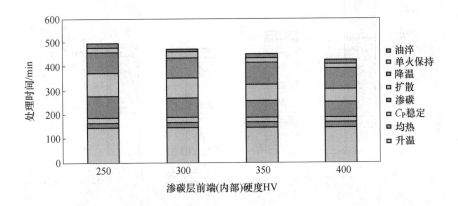

图 6.7.1 渗碳层前端（内部）硬度和处理时间的关系

渗碳层前端（内部）硬度会因为材质、质量效应、淬火油性能的不同而提高或降低。渗碳层前端（内部）硬度变高时，渗碳及扩散时间变短，生产效率提高。

6.8 渗碳温度和处理时间的关系

以装炉重量比 80%，材质 SCM415H，质量效应 20mm，有效硬化深度 0.8mm（HV550），表面碳含量 C%目标值 0.8%为例，探求渗碳温度和处理时间的关系。

表 6.8.1、图 6.8.1 所示为渗碳温度和处理时间的关系。

表 6.8.1　渗碳温度和处理时间的关系

渗碳温度 /℃	处理时间/min								
	升温	均热	C_P稳定	渗碳	扩散	降温	淬火保温	油淬	合计
850	108	23	20	331	248	0	0	15	745
900	131	23	20	128	125	57	13	15	512
950	153	23	20	54	42	114	25	15	446
1000	176	23	20	25	0	171	38	15	468

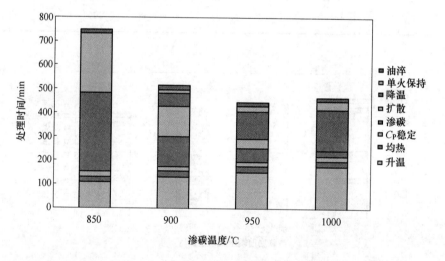

图 6.8.1　渗碳温度和处理时间的关系

虽然提高温度会缩短渗碳时间，但是，升温时间和降温时间对缩短总处理时间的影响是有限的。另外，渗碳时间过度短时，会影响品质的稳定性。

6.9　淬火温度和处理时间的关系

以装炉重量比 80%，材质 S15CK，质量效应 20mm，有效硬化深度 0.5mm（HV550），表面碳含量 C%目标值 0.8%，渗碳温度 890℃为例，探求淬火温度和处理时间的关系。

表 6.9.1、图 6.9.1 所示为淬火温度和处理时间的关系。

表 6.9.1 淬火温度和处理时间的关系

保温温度 /℃	处理时间/min								
	升温	均热	C_P稳定	渗碳	扩散	降温	淬火保温	油淬	合计
810	126	23	20	85	46	91	20	15	427
830	126	23	20	85	54	68	15	15	407
850	126	23	20	85	65	46	10	15	391
870	126	23	20	85	83	23	5	15	380
890	126	23	20	85	107	0	0	15	376

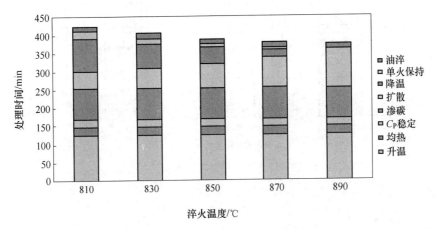

图 6.9.1 淬火温度和处理时间的关系

淬火温度的制定对生产效率有很大的影响。与890℃相比，810℃时，处理时间会加长14%。在考虑过渗碳淬火后的品质要求后，尽可能高地制定淬火温度，将提高生产效率。

6.10 渗碳淬火的品质要求范围和处理条件的关系

像"有效硬化深度0.5～0.8mm"一样，渗碳淬火的品质要求会设定要求范围。本书中计算软件的使用方法，基本上是输入要求范围的平均值，例如，会输入0.65mm来加以计算。但是，像真空渗碳炉或者真空排气式气体渗碳炉那样能够进行高精度处理时，在确认过工序能力之后，可以按照要求范围的下限值制定条件，从而提高生产效率。相反，因为某种原因故意地追求要求范围的上限值，则会极大地阻碍生产效率的提高。针对有效硬化深度0.5～0.8mm的要求，假设条件制定时追求的目标分别是0.55mm、0.65mm、0.75mm，那么，真空渗碳处理时间的差异见表6.10.1和图6.10.1。

表 6.10.1   渗碳淬火的品质要求范围和处理时间的关系

有效硬化深度目标值/mm	处理时间/min							
	升温	均热	渗碳	扩散	降温	淬火保温	油淬	合计
0.55	131	23	65	44	54	12	15	344
0.65	137	23	74	59	68	15	15	389
0.75	142	23	80	71	82	18	15	431

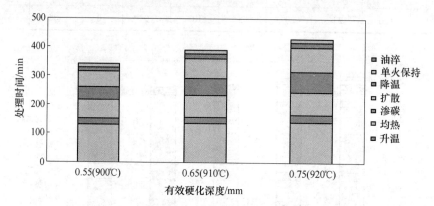

图 6.10.1   渗碳淬火的品质要求范围和处理时间的关系

7 气氛密封式气体渗碳法

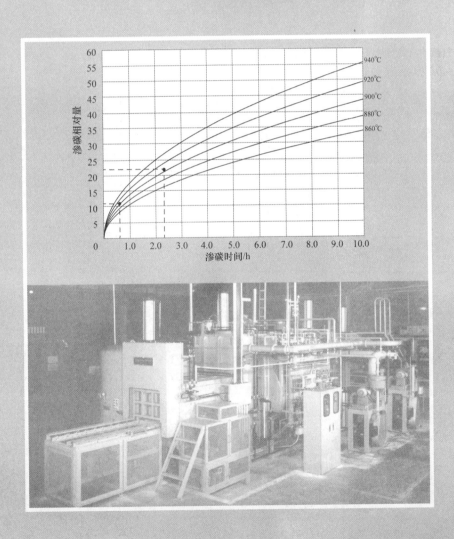

随着气体渗碳以及真空渗碳的基本化学原理变得明确起来，一种新的气体渗碳方法就此诞生了。即如果利用乙炔气体的吸附特性，借助单纯的控制方法就可以将使用的碳氢化合物减到最少，同时将排出的二氧化碳气体降低为最少甚至为零。其做法是使用气密性高的气体渗碳炉，将被处理品装入炉内后加以排气形成真空状态，然后，利用氮气复压到大气压状态后再进行升温，当被处理品的温度达到均热状态后，根据被处理品的渗碳深度目标值和被处理品的总表面积计算出渗碳所需的碳量，然后将相当于此碳量的乙炔量分成一次或者数次通入炉内。按照以下顺序决定渗碳淬火的处理条件。

（1）根据需要渗碳的被处理品的总表面积和渗碳品质的目标值计算出所需的碳量，然后，在渗碳开始时通入与此碳量相当的乙炔量。

（2）指定的渗碳深度较深时，为了防止渗碳体的初期析出，将乙炔分为数次通入。

（3）通入利用下述计算公式确定的乙炔量

平均渗碳密度(g/cm³) = 7.85(g/cm³)×(渗碳表面碳浓度(%) −
被处理品的碳浓度(%))/100/2

渗入到全部被处理品中的碳量(g) = 被处理品的总表面积(cm²)×
全渗碳深度(cm)×平均渗碳密度(g/cm³)

通入的乙炔气体量(L) = 22.4(L/mol)×渗入到全部被处理品
中的碳量(g)/24(g/mol)

7.1 与其他渗碳法的比较

以往的气体渗碳法是使用气体发生炉生成的 RX 气体或者甲醇滴注生成的裂解气体作为载体气，并且添加碳氢化合物作为渗碳气体的方法。这种渗碳方法耗费大量的碳氢化合物或者甲醇。作为减少碳氢化合物或者甲醇消耗量的方法，真空渗碳法被开发了出来。但是，与渗碳时从被处理品的表面渗入并扩散到内部所需的碳量相比，实际通入的气体量往往是其数倍之多。真空渗碳是使用高性能的真空泵，以气体脉冲通入方式通入渗碳气体，或者利用低压定流量的方式控制渗碳量，这与气体渗碳相比，使用高性能的真空泵会导致设备成本的增加，以及因为真空泵几乎连续式的运转所带来的能耗的增加。真空渗碳的渗碳量的控制方法，因为设备的构造及作业方法的复杂化，也导致了包括维护费用在内的作业管理费的增加。

与气体渗碳相比较，因为真空渗碳是氧分压较低的渗碳方法，所以，渗碳层表面不会发生晶间氧化，在品质上这是很大的好处。但是，从理论上而言，为了防止晶间氧化，并不一定需要真空状态。真空渗碳的缺点是，由于氧分压极低，导致耐热钢材质的加热管外管以及滑轨等均被渗碳，致使其寿命降低。密封式气体渗碳法，借助更加单纯的装置构造和操作方法，将与渗入、扩散到被处理品中的碳量相同的渗碳气体使用量尽可能地降到最少，同时，也解决了以往的气体渗碳法会在渗碳层表面产生晶间氧化这一课题。另外，对某些被处理品而言，晶间氧化并不是问题时，渗碳炉也能够防止其耐热钢炉体构件因渗碳导致的耐久寿命的降低。

7.2　作业方法

将被处理品装入渗碳炉，进行排气处理直至达到真空状态，然后，通入氮气使其恢复到大气压状态，加以密封。在此状态下，打开气氛搅拌机并升温到渗碳温度，达到均热状态后，通入利用上述计算方式确定的乙炔量。乙炔的通入方法为，当渗碳层浅时，一次性通入全部的计算量；当渗碳层深时，分成 2~3 次通入。之后，在密封状态下，使用搅拌机搅拌气氛，使气氛均匀化，经过渗碳扩散、降温、淬火保温，再加以淬火后，将被处理品从渗碳炉内搬出。渗碳气体为乙炔。乙炔是不饱和碳氢化合物的三键结合（炔），因分子内的结合力强，不容易裂解。因为单键结合的饱和碳氢化合物以及二键结合的不饱和碳氢化合物在渗碳温度下裂解后会在炉内产生积碳，所以，不能将其使用到密封式气体渗碳中。以往的渗碳炉，由于载体气中含有的氢气会抑制单键结合、二键结合碳氢化合物的积碳产生的裂解，所以，即便使用这些碳氢化合物也不会产生积碳。

7.3　渗碳的化学机制

乙炔的裂解需要催化剂，钢铁材料的被处理品就起到了这个作用。炉内的渗碳反应的化学机制是，乙炔吸附到被处理品的表面，只有吸附后的乙炔会裂解，并参与渗碳。在被处理品表面裂解产生的碳与铁相结合，然后扩散到被处理品的内部。吸附现象和催化作用是连动的化学反应，气体不吸附的金属没有催化的功能，只有具有催化功能的金属，气体才会吸附。

这种渗碳方法的基本概念是，通过掌握三键结合碳氢化合物的分子内结合力较强、不容易裂解，以及乙炔借助铁的催化功能限制性地吸附到铁的表面、吸附后的乙炔发生裂解作为渗碳现象的基本化学机制，开发出密封式气氛渗碳法。表7.3.1 所示的是乙烷、乙烯、乙炔的化合结构和结合能量的比较，从中可以看出，乙炔的分子内结合力较强。

假设从渗碳到淬火保温工序的温度和时间为渗碳扩散温度 T_1，渗碳扩散时间 t_1，渗碳扩散的扩散系数 k_1，降温温度 T_2（$T_2 = (T_1 + T_3)/2$），降温时间 t_2，降温扩散系数 k_2，淬火温度 T_3，淬火保温时间 t_3，淬火保温扩散系数 k_3，那么，它们与全渗碳深度 d 的关系为 $d = (k_1^2 \times t_1 + k_2^2 \times t_2 + k_3^2 \times t_3)^{1/2}$，然后，利用此计算公式计算出渗碳扩散时间。

表 7.3.1 乙烷，乙烯，乙炔的结合能量

碳氢化合物	结构	结合距离/nm		碳-碳结合能量 /kcal · mol^{-1}
		碳-碳	碳-氢	
乙烷	H—C—C—H	0.153	0.112	83
乙烯	C=C	0.134	0.110	145
乙炔	H—C≡C—H	0.120	0.106	198

7.4 晶间氧化和炉内耐热钢构件的渗碳

在上述工序中进行真空排气后，由于通入的气体是氮气和乙炔，所以，可以将氧分压控制到很低，渗碳层表面不会发生晶间氧化；但是，存在渗碳炉的耐热钢构件被渗碳的弊端。如果被处理品的晶间氧化不是问题，那么，则可以通过添加二氧化碳气体，使氧分压保持到一定水平，从而防止上述构件发生渗碳，并使被处理品合理地渗碳。为了使被处理品合理地渗碳，并防止耐热钢构件的渗碳，可以添加二氧化碳气体，将升温和均热段的炉内气氛的氧气分压控制在 10^{-18} ~ 10^{-20} 内。

7.5 炉内压力的变化

假设渗碳炉是可以密闭的结构，使用压力调整阀对炉内压力进行控制，在利用氮气加以封闭的升温和均热工序中，使用压力调整阀将其维持在 1atm，在进入渗碳工序前，关闭压力调整阀，使其处于密封状态。乙炔气体通入后，压力会上升，保持这种状态继续进行渗碳扩散工序，进入降温工序后，调整压力调整阀，下调压力至 1atm，继续进行以后的工序。炉内压力的变动如图 7.5.1 所示。

乙炔吸附并裂解的渗碳工序会按照 $C_2H_2 \rightarrow 2C+H_2$ 的反应公式进行，可以通过测量氢分压把握渗碳工序的进展状况。将乙炔分为 2 次通入炉内进行渗碳扩散时的氢气分压的变化如图 7.5.2 所示。

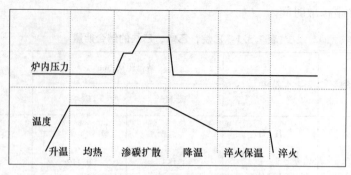

图 7.5.1　炉内压力的变化

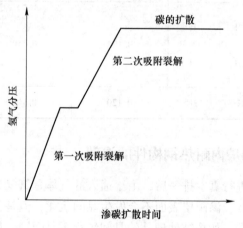

图 7.5.2　氢分压的变化

7.6　实际作业方式

以图 7.6.1 所示的 $20mm^\phi \times 50mm^L$ 的被处理品为例，说明渗碳条件的制定方法。

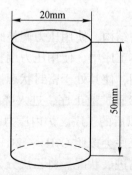

图 7.6.1　被处理品的尺寸

假设被处理品的材质为 SCM415，有效渗碳深度为 0.6mm（HV550），全渗碳深度为 1.0mm，渗碳淬火后的表面碳含量 C% 目标值为 0.8%。如果 1 个被处理品的表面积是 37.7cm²，被处理品的装炉数量为 4000 个，那么，总表面积为 150800cm²。使用前述的计算公式，可以确定渗碳所需的乙炔量。平均渗碳密度 = 7.85g/cm³ ×(0.80% − 0.15%)/100/2 = 0.0255g/cm³，用于被处理品渗碳的总碳量 = 150800cm² ×0.1cm×0.0255g/cm³ = 385g。通入的乙炔量 = 22.4L/mol×385g/24g/mol = 360L。但是，在氧分压低的状态下进行渗碳时，因为炉内耐热钢构件的渗碳也会消耗乙炔，所以，必须把该部分也加上去。此时加上的乙炔量为 40L，因此，要通入 400L 的乙炔。如果要防止炉内耐热钢构件的渗碳，将升温均热工序的氧分压控制在 $10^{-18} \sim 10^{-20}$ 内，耐热钢构件氧化后，再通入乙炔。此时，用于还原被氧化的耐热钢构件所需的乙炔量为 20L，因此，要通入 380L 的乙炔气体。

假设渗碳扩散温度为 900℃，淬火保持温度为 850℃，时间为 0.5h，渗碳温度至淬火保持温度的降温时间为 1.0h，计算出渗碳扩散时间。从 $d = (k_1^2 \times t_1 + k_2^2 \times t_2 + k_3^2 \times t_3)^{1/2}$ 的相关公式得出 $t_1 = (d^2 - k_2^2 \times t_2 - k_3^2 \times t_3)/k_1^2$，通过附带的 CD-ROM 确认扩散系数 k_1 为 0.540/900℃，k_2 为 0.390/850℃，为了方便起见，降温工序的 k_3 使用 (0.540+0.390)/2。那么，渗碳扩散时间 $t_1 = (1.0^2 - 0.465^2 \times 1.0 - 0.390^2 \times 0.5)/0.540^2 = 2.4h$。乙炔分两次通入。渗碳开始时通入 1/2 量，剩余 1/2 量的通入时间点从图 7.6.2 所示的渗碳时间和渗碳相对量的关系曲线中确定。

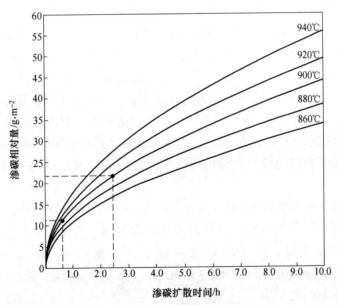

图 7.6.2 渗碳扩散时间和渗碳相对量的关系

在此实例中，渗碳扩散温度 900℃，渗碳扩散时间 2.4h 下的渗碳相对量是22，22 的 1/2，即 11 的渗碳扩散时间是 0.65h。即在渗碳开始时和渗碳开始0.65h 后，分别通入 200L 或者 190L 的乙炔。渗碳淬火条件（一）如图 7.6.3所示。

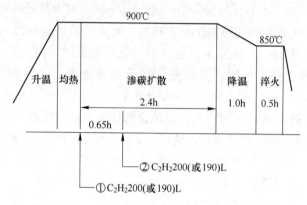

图 7.6.3　渗碳淬火条件（一）

再说明第 2 例实例。假设被处理品的尺寸形状同上述一样，即 $20mm^\phi \times 50mm^L$，材质为 SNCM420，有效渗碳深度为 1.4mm（HV550），全渗碳深度为2.0mm，渗碳淬火后的表面碳含量 C% 目标值为 0.8%。如果 1 个被处理品的表面积是 $37.7cm^2$，被处理品的装炉数量为 4000 个，那么，总表面积为 $150800cm^2$。使用前述的计算公式，可以确定渗碳所需的乙炔量。平均渗碳密度 $= 7.85g/cm^3 \times$（0.80% − 0.20%）$/100/2 = 0.0236g/cm^3$，用于被处理品渗碳的总碳量 $=150800cm^2 \times 0.2cm \times 0.0236g/cm^3 = 718g$。通入的乙炔量 $= 22.4L/mol \times 718g/24g/mol = 670L$。但是，在氧分压低的状态下进行渗碳时，因为炉内耐热钢构件的渗碳也会消耗乙炔，所以，必须把该部分也加上去。此时加上的乙炔量为 70L，因此，要在渗碳工序中通入 740L 的乙炔。如果要防止炉内耐热钢构件的渗碳，将升温均热工序的氧分压控制在 $10^{-18} \sim 10^{-20}$ 内，耐热钢构件氧化后，再通入乙炔。此时，用于还原被氧化的耐热钢构件所需的乙炔量为 40L，因此，要通入 710L的乙炔气体。

假设渗碳扩散温度为 930℃，淬火温度为 830℃，时间为 0.5h，渗碳温度至淬火温度的降温时间为 1.5h，计算出渗碳扩散时间。从 $d = (k_1^2 \times t_1 + k_2^2 \times t_2 + k_3^2 \times t_3)^{1/2}$ 的相关公式中得出 $t_1 = (d^2 - k_2^2 \times t_2 - k_3^2 \times t_3)/k_1^2$，通过附带的 CD-ROM 确认扩散系数 k_1 为 0.648/930℃，k_2 为 0.340/830℃，为了方便起见，降温工序的 k_3 使用（0.648+0.340）/2。

那么，渗碳扩散时间

$$t_1 = (2.0^2 - 0.494^2 \times 1.5 - 0.340^2 \times 0.5)/0.648^2 = 8.5h$$

乙炔分两次通入。渗碳开始时通入 1/2 量，剩余 1/2 量的通入时间点从图 7.6.4 所示的渗碳时间和渗碳相对量的关系曲线中确定。

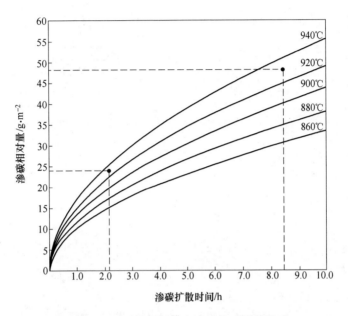

图 7.6.4 渗碳扩散时间和渗碳相对量的关系

在此例中，渗碳扩散温度 930℃，渗碳扩散时间 8.5h 下的渗碳相对量是 48、48 的 1/2 是 24，24 的渗碳扩散时间是 2.2h。即在渗碳开始时和渗碳开始 2.2h 后，分别通入 370L 或者 355L 的乙炔。渗碳淬火条件（二）如图 7.6.5 所示。

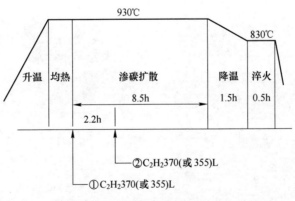

图 7.6.5 渗碳淬火条件（二）

8 渗氮淬火和渗氮时效

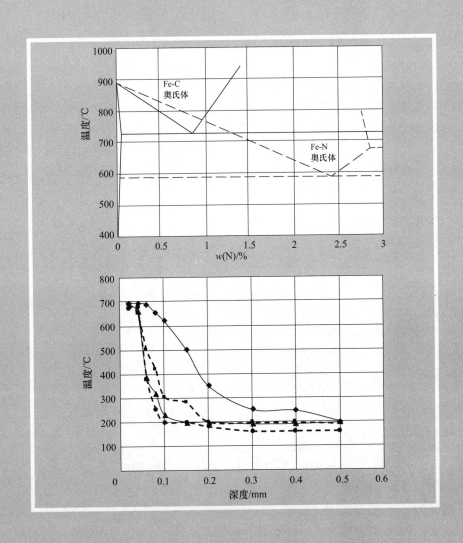

如果换一种看法，地球就是铁质的行星。地球上存在着大量的铁，它是人类生活中不可缺少的、便宜且强韧的金属。铁有着其他金属没有的特殊性质，那就是它和碳及氮非常容易结合，这两种元素固溶到铁的晶格后进行急冷，即可以进行淬火。铁原子和碳原子以及氮原子之间这种微妙的关系在其他金属中是看不到的。为了使其他的原子固溶到 Fe 晶体的晶格间隙中，必须要有能够渗入的间隙，另外，原子相互之间还要有吸引力。可以说，Fe 和 C 以及 N 的关系实际上是非常好的组合。

8.1 Fe-C・Fe-N 相图

Fe-C 及 Fe-N 相图对于热处理相关人员来说是司空见惯的东西。而且，关于它们的相变，过去也有很多研究论文。这里，将 Fe-C 及 Fe-N 相图的奥氏体区域的部分画在相同坐标中，就会得到图 8.1.1。

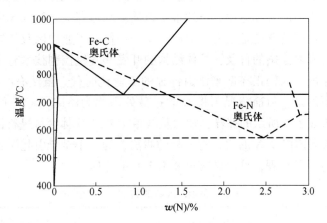

图 8.1.1　Fe-C 和 Fe-N 相图

比较 Fe-C 和 Fe-N 相图就会发现，与 Fe-C 相比，Fe-N 的共析点向着低温一侧以及高浓度一侧移动。如果比较原子的大概大小，可见表 8.1.1，Fe-C 和 Fe-N 相图的差异是因为 C 和 N 的原子直径的不同导致的。

表 8.1.1　原子直径

元素	Fe	C	N
原子直径/nm	0.257	0.142	0.106

C 和 N 虽然在和 Fe 之间的关系上表现示出相似的性质，但是，在常温常压状态下，C 是固体，而 N(N_2) 是气体，这种差异表现在脱碳现象和脱氮现象中。脱碳是钢材的最表面的碳与氧气相接触生成 CO_2，变为气态，C 从表面减少的现

象。如果没有 O_2，就不会出现这种现象。同时，N 与晶格内的 N 相互结合变为
N_2 的气态，产生脱氮现象。这就是所谓的氮化层疏松。

目前渗碳和渗氮在工业上的利用见表 8.1.2。

表 8.1.2　渗碳、渗氮的利用形式

项目	奥氏体状态下的淬火	生成的化合物
渗碳	○马氏体	△渗碳体
渗氮	△马氏体	○γ′相、ε 相

注：○—被广泛利用；△—几乎没有被利用。

说到渗碳体，从很久之前就有利用铸铁的白口组织的情况，最近，其借助高
浓度真空渗碳的实际运用正在不断发展中。同时，近年来已经开始了借助渗氮淬
火得到含氮马氏体的实际运用。虽然很早以前就知道存在含氮马氏体，但是，无
法将其工业化运用的壁垒是没有能够确保安全操作的工业炉以及气氛控制技术尚
未确立。随着真空渗碳的普及，炉体结构的开发和气氛控制技术有了进步，随着
应用范围的拓展，人们正在迎来渗氮淬火的工业化时代。虽然有些跑题，但是，
需要说明一下的是，目前情况下将 C 的扩散处理称为渗碳，将 N 的扩散处理称
为氮化。如表 8.1.2 所示的那样，如果从 N 和 C 的奥氏体区域进行淬火，考虑到
C 的化合物渗碳体以及 N 的化合物 ε 相的叫法，为了不至于引起误解，有必要对
这些叫法进行一下整理，可以做成表 8.1.3 所示的形式。

表 8.1.3　渗碳、渗氮的利用形式的整理

项目	奥氏体状态下的淬火	生成的化合物
渗碳	渗碳淬火 含碳马氏体	渗碳化合 渗碳体
渗氮	渗氮淬火 含氮马氏体	渗氮化合 ε 相

将渗碳气体和氨气同时通入，让 C 和 N 扩散的碳氮共渗处理从很早以前就
开始实际运用了。如果拘泥于上述的叫法，会将其称为"渗碳渗氮淬火"，这个
暂且不管，现在先思考一下碳氮共渗的化学机制。如前所述，气体和金属之间有
吸附现象，如果气体的分压充分，吸附力强的气体会 100% 覆盖住金属的表面。
说到 C 和 N 同时扩散这种现象，就会发现，比起渗碳性气体，NH_3 气体的吸附
力更强，而且，NH_3 气体的分压是没有达到饱和吸附状态的分压。整理一下碳氮

共渗的化学机制，会得知：

（1）O_2 的不饱和吸附限制了渗碳和渗氮。

（2）NH_3 虽然吸附到了有 O_2 吸附的间隙中，但是，NH_3 没有填埋间隙所需的分压。

（3）剩余的间隙全部都被渗碳气体填埋了，从整体上看，是借助 3 种气体达到了饱和状态。

关于碳氮共渗的运用将在第 10 章中说明。

近年来，已经开发出了渗氮淬火（氮化淬火、N-QUENCH）的新技术，其特性慢慢明朗起来，并已经开始了实际运用。另外，与真空渗碳有关的高温渗碳及高浓度渗碳的研究也在发展中。今后，渗氮淬火和渗碳体化合物在工业上运用的扩大化值得期待。

8.2 渗氮淬火（N-QUENCH）

在真空渗碳的开发过程中，炉体结构的开发是按照两种系统展开的：（1）是以真空炉为基础炉体结构的冷壁型，在维持真空状态的同时，借助热反射板隔断炉壁的散热，从外观上看是真空炉；（2）是以气体渗碳炉为基础炉体结构的热壁型，它用隔热材料做外壁，阻止散热，从外观上看是气体气氛炉。不论是（1）还是（2），它们的构造都能够将外部大气完全阻隔，可以实现真空和极低的压力状态下的气体通入。但是，作为大的差异，后者的热壁炉像以往的气氛炉那样，也能够进行常压状态下的气体通入。此炉的问世，使得渗氮淬火的实验能够安全地进行，也能够对气氛进行正确的控制。可以说，在真空渗碳炉的开发过程中，关注到热壁型是先见之明。

如同依靠上一节的相图能够确认到的那样，在奥氏体状态下的淬火区域见表 8.2.1。

表 8.2.1 奥氏体下的淬火区域

区 域	温度区域/℃	浓度区域/%
Fe-C 系	800~900	0.5~1.2
Fe-N 系	650~850	0.5~2.5

从表 8.2.1 中可以看出，Fe-N 相图的温度和浓度的相关区域变大。考虑到 N 在高温区域容易气化，以及用于渗氮的 NH_3 在高温下容易裂解，可以想见渗氮比渗碳更加复杂。另外，Fe-N 相图中很多内容尚不明确，能够想见未来会有新的发现。总而言之，Fe-N 相图的整个区域的特性今后会变得明朗起来。

8.3 渗氮淬火（N-QUENCH）的实际运用

关于渗氮淬火，其研究开发正朝着实用化推进，目前已经用在部分汽车零件的量产中。与氮化处理或者碳氮共渗相比，它在确保强度的同时，变形小；而且，在生产效率和成本上也具有优势。图 8.3.1、图 8.3.2 所示为使用 SS400 材料的基础实验数据。

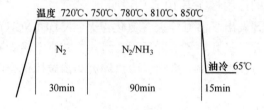

图 8.3.1 渗氮淬火的处理条件

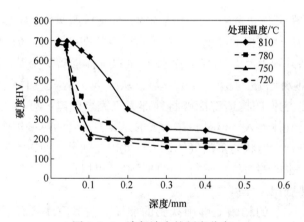

图 8.3.2 渗氮淬火的硬度分布

8.4 $Fe_{16}N_2(\alpha'')$ 的特殊性质及其可能性

到上一节为止，记述了有关 Fe-N 相图中奥氏体（γ）区域的部分，说明了借助 Fe-N 的奥氏体（γ）区域的淬火，生成了含氮马氏体（α'），将此处理方法称作渗氮淬火（N-QUENCH）。现在转换一下视角，Fe-N 相图的特殊之处在于，如图 8.4.1 所示，700℃以下以及 2.4%~9.0%N 的区域中，出现了 Fe-C 相图中没有的 α''、γ'和 ε 相。关于此领域的研究以往就有，1951 年剑桥大学 Cavendish 实验室的 Jack 发表了关于 $Fe_{16}N_2(\alpha'')$ 的研究论文。之后一直到现在，关于此领域的研究有很多，这些特性变得日益明朗起来，最近，其在工业上的利用价值备受瞩目。可以预见，今后朝着实用化的研究会加速前进。

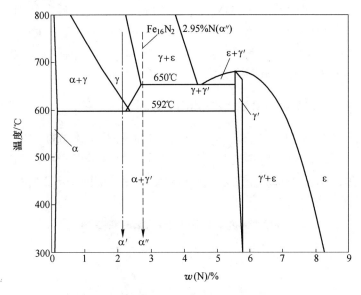

图 8.4.1　Fe-N 相图

8.5　作为磁性材料的 $Fe_{16}N_2(\alpha'')$

各种工业产品中使用着大量的电动马达。不用说汽车的混合型化以及电动化，产品的小型化和轻量化也需要马达的高性能化，为此，需要强力的永久磁铁。目前，最强力的永久磁铁是粉末烧结的 Nb-Fe-B，但是，如同最近人们议论的那样，稀土生产国的出口限制以及稀土矿埋藏量的稀少可能导致枯竭等状况令人担忧。$Fe_{16}N_2(\alpha'')$ 的基本的磁性特性高于 Nb-Fe-B，其作为解决稀土问题的新材料值得期待。

$Fe_{16}N_2(\alpha'')$ 的基本的制取方法是将纯铁的薄片或者粉末进行渗氮处理，让其达到如图 8.4.1 所示的 γ+γ′区域的 2.95mass%N 的状态，然后，淬火（固溶）后，再在 250~300℃中进行时效处理，使 $Fe_{16}N_2(\alpha'')$ 析出。难题在于工业化制取稳定纯度的 $Fe_{16}N_2(\alpha'')$ 的技术和诀窍，例如，氮化气氛需要进行高精度的成分比率控制。作为磁性材料的 $Fe_{16}N_2(\alpha'')$，因为与本书的主题无关，故省略详细的介绍。

8.6　借助 $Fe_{16}N_2(\alpha'')$ 析出的表面硬化法（渗氮时效）

$Fe_{16}N_2(\alpha'')$ 的析出伴随着硬化现象，利用此现象的表面硬化法的开发正在推进。前述的渗氮淬火（N-QUENCH）是如图 8.4.1 所示的在 γ 区域进行淬火，利用含氮马氏体（α′）的硬化方法。而 $Fe_{16}N_2(\alpha'')$ 的析出硬化法是借助从 Fe-N 相图中的 γ+γ′区域进行急冷的固溶处理和时效处理的方法。或许可以将此处理方法称作渗氮时效处理（N-AGEING）。目前标准的处理条件和处理结果为，渗氮温度 620~640℃，渗氮时间 20~120min，时效温度 280℃，时效时间 90min，表面的 N 浓度 3%~5.5%，表面硬度 HV800~1000，硬化深度 0.02~0.05mm。随着今后研究的展开，相关范围还会扩大。

8.7　（γ+γ′）区域的 640℃×90min 渗氮时效

将材质 STKM13 放在不超过（γ+γ′）区域上限温度 650℃ 的条件下，即 640℃×90min 下渗氮处理后再进行固溶（淬火）处理的组织照片如图 8.7.1 所示，然后，在 280℃×90min 下时效处理后的组织照片如图 8.7.2 所示。从组织照片中可以看到，表面层分为两部分。

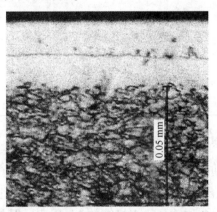

图 8.7.1　640℃×90min 渗氮、固溶处理后的表层截面组织

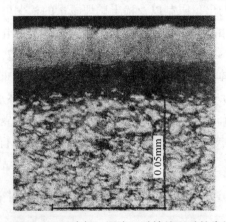

图 8.7.2　640℃×90min 渗氮、固溶、时效处理后的表层截面组织

图 8.7.3 所示为渗氮、固溶（淬火）处理后以及时效（回火）处理后的截面硬度分布。时效（回火）处理后 $Fe_{16}N_2(\alpha'')$ 析出，第 1 层的最表面硬度上升到 HV1000 以上，第 2 层的硬度也有上升。

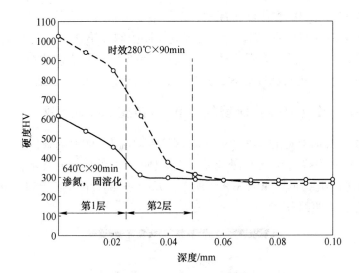

图 8.7.3　640℃×90min 渗氮、固溶以及时效处理后的硬度分布

图 8.7.1 所示为固溶（淬火）处理后的表层截面组织中，第 1 层是固溶的 γ′，第 2 层是含马氏体（α′）的残余奥氏体。在图 8.7.2 所示的时效（淬火）处理后的表层截面组织中，第 1 层是时效处理析出 $Fe_{16}N_2(α'')$ 的硬化层，第 2 层是含马氏体（α′）的 γ 残余奥氏体的回火组织。之所以第 1 层是固溶奥氏体时效硬化组织，第 2 层是残余奥氏体和马氏体（α′）淬火回火组织，这些可以从固溶（淬火）后再进行深冷处理的图 8.7.4 中明确地看出来。深冷处理后的第 1 层的硬度没有大的变化，第 2 层的硬度有上升。

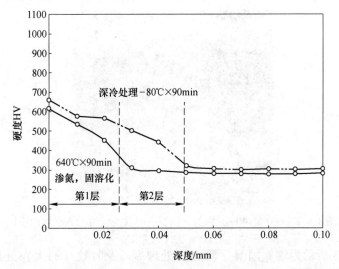

图 8.7.4　640℃×90min 渗氮、固溶化以及深冷处理后的硬度分布

第 1 层和第 2 层的整体硬化深度，以及第 1 层和第 2 层的深度比率，可以通过渗氮温度和时间，以及 NH_3 气氛的构成加以控制。第 2 层因为是高浓度 N 的奥氏体，所以，淬火后残余奥氏体变多，硬度变低。如果想硬化第 2 层，最好在固溶（淬火）之后进行深冷处理，然后，再进行时效（回火）处理。

8.8　（γ+ε）及（γ′+ε）区域的 660℃×40min 渗氮时效

将材质 STKM13 放在超过（γ+γ′）区域上限温度 650℃ 的条件下，即 660℃×40min 下渗氮和固溶（淬火）处理后的组织照片如图 8.8.1 所示，然后，时效（回火）处理的组织照片如图 8.8.2 所示。从组织照片中可以看到，同 8.7 节一样，表面层分为两部分。

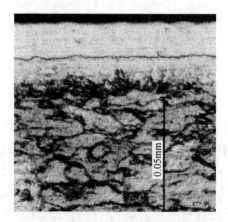

图 8.8.1　660℃×40min 渗氮、固溶处理后的表层截面组织

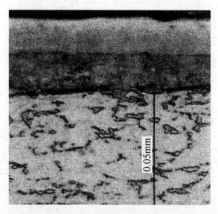

图 8.8.2　660℃×40min 渗氮、固溶、时效处理后的表层截面组织

图 8.8.3 所示为渗氮固溶（淬火）处理后以及时效（回火）处理后的截面硬度分布。虽然时效处理引起 $Fe_{16}N_2(\alpha'')$ 析出，使第 1 层的硬度有所上升，但

是，从与640℃处理相比硬度偏低这点来看，可以想见 $Fe_{16}N_2(\alpha'')$ 的析出较少。但是，其绝对硬度比其他的表面硬化法都高，所以，可以预见其极有可能在工业上加以实际运用。

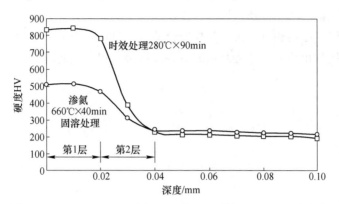

图 8.8.3　660℃×40min 渗氮、固溶以及时效处理后的硬度分布

同 8.7 节一样，图 8.8.4 所示为渗氮固溶（淬火）处理后再进行深冷处理的硬度分布。经过深冷处理，第 2 层的硬度大幅度提升，但是，第 1 层的硬度看不出有提升。同 640℃处理一样，第 1 层是从 γ' 固溶状态中析出 $Fe_{16}N_2(\alpha'')$，第 2 层是残余奥氏体（γ）转变成马氏体（α'）。

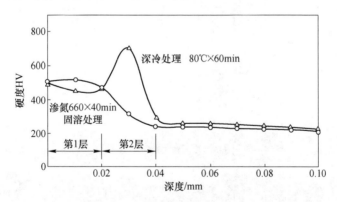

图 8.8.4　660℃×40min 渗氮、固溶以及深冷处理后的硬度分布

8.9　渗氮处理的前景

使用 NH_3（氨气）进行的 N 的扩散处理，在此之前只局限于氮化、软氮化、碳氮共渗方面，Fe-N 相图的 N 浓度和温度区域还有很多空白部分。但是，如果算上渗氮淬火和渗氮时效，几乎涵盖全部区域的氮元素扩散表面处理方法都变得明朗起来。50 多年来，虽然在实验室水平上已经取得了很多研究成果，但是，

其工业化应用，由于在炉体的气密性和气氛控制方法上还存在难题，造成难以投入实际运用的状态一直存在。之后，气体气氛炉的结构开发和气氛成分的测量以及控制技术实现了长足的发展。现在，在炉体结构方面，完全排除了大气影响的真空排气式气氛炉已经普及，另外，在炉内气氛的控制方面，渗氮相关技术也借助于渗氮专用氢探头和氧探头及其控制仪器的开发而得以发展。今后，覆盖Fe-N相图全部区域的相的形成方法及相的特性应该会变得明朗起来。

9 热处理变形

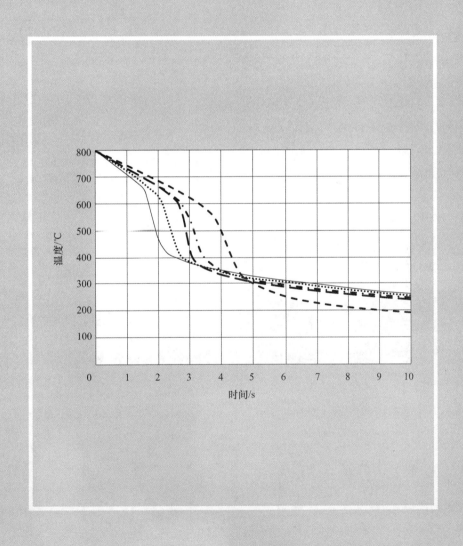

减少热处理变形对于热处理从业人员来说是一个永恒的课题。在热处理零件的形状、大小、材质、品质要求等热处理负责人很难改动的前提条件下，将热处理变形控制到最小，是一件极其困难的事。将错就错地认为"进行热处理肯定会因为残余应力导致变形的产生"是无法解决问题的。尤其困难的是，没有一种适用于所有零件的普遍方法，要求尺寸精度的部位以及容许尺寸都是针对某个特定零件而言的。但是，如果在新品试做时，不考虑一下应该试验的测试项目以及可能会出现的结果加以挑战，是不会有所改进的。特别重要的是，要在商品的设计阶段提出减少变形的方案，等到设计、试做、测试完成后再做就太迟了。热处理变形产生的原因是热（温差）应力和相变应力，这些应力的产生根据零件的部位不同会产生时间差，从而使变形量加大。以下项目将就减少渗碳淬火的变形问题做一下说明。

9.1 设计阶段的研讨项目

（1）采用内部硬度低的低淬透性的材料有利于减少变形。

（2）如果允许内部组织中有些许的铁素体析出，降低淬火温度也能够减少变形量。

（3）如图 9.1.1 和图 9.1.2 所示，如果使零件的形状对称化或者均匀化，也能够防止变形应力的不均匀。

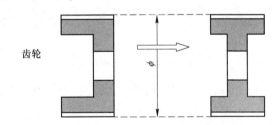

齿轮

图 9.1.1 能减少变形量的齿轮形状

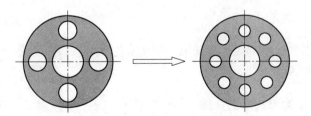

图 9.1.2 能减少变形量的板状零件

9.2 变形量小的热处理条件的研讨项目

在减少热处理变形方面，重要的是将变形量的绝对尺寸控制小并缩小偏差范围。为了缩小偏差范围，考虑到批次内的偏差和批次间的偏差，有必要一直在固定的条件下处理。为了将变形量的绝对尺寸控制得小，最好研究一下下述的方法。

9.2.1　装炉模式的选用

考虑到被处理品的形状和大小以及精度进行试做，有必要找出最佳的淬火模式（零件放置在装炉夹具上的姿势）。

9.2.2　使用保热填充料

被处理品的部位之间的尺寸差异较大时，为了控制冷却的时间差，要使用图 9.2.1 所示的保热填充料。

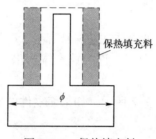

图 9.2.1　保热填充料

9.2.3　降低渗碳的 C%，将渗碳层深度也控制得浅些

为了减少淬火的相变应力，要把渗碳的 C% 控制得低些，同时，把渗碳深度控制得浅些。但是，这样做会导致渗碳层深度的降低，所以，需要确认（此条件下）强度能得到保障。

9.2.4　降低淬火温度

降低淬火温度，内部硬度会变低，相变应力也会减少；但是，内部组织中有可能会析出铁素体。

9.2.5　淬火模式和淬火油的选择

淬火油有热油、冷油，以及处于中间的半热油（中温油）。因为油的厂家不同，冷却能力也会不同，所以，需要确认冷却性能曲线。冷却性能的大小可以通过对比淬火强烈度（H 值）得知。热油并不是对所有的变形问题都有效。表 9.2.1 所示的是标准的处理品的形状和淬火模式以及淬火油的选择实例。

表 9.2.1　淬火模式和淬火油的选择

形状	淬火模式	变形项目	淬火油的选择
棒状		弯曲	冷油
筒状		真圆度	热油
		圆筒度	冷油
齿轮		齿形，齿向	热油

9.3　减压淬火

随着真空渗碳炉的开发，出现了降低油槽的气氛压力进行淬火，即减压淬火的方法。与普通的大气压淬火相比，使用此淬火方法，可以达到提高淬透性及硬度，同时减少变形的一石二鸟的效果。图 9.3.1 所示为普通的冷油，在淬火强烈度（H 值）为 0.145，温度为 80℃ 的条件下，1 个大气压和 1/8 气压（12.5kPa）的冷却曲线的差异。

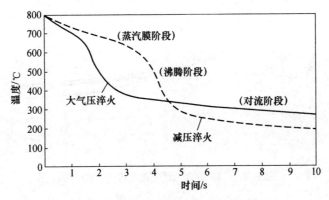

图 9.3.1　减压淬火下的淬火油的性能曲线

由于减压气氛下淬火油的沸点会下降，与 1 个大气压下的淬火相比较，淬火油的冷却性能会发生很大的变化，蒸汽膜阶段以及沸腾阶段会朝着低温以及长时间的方向移动。硬度提高和变形的减少并不是对所有的材料都有效。硬度提高只会在图 9.3.1 所示的 300~400℃的冷却速度不同以及处理品材料的 M_s 点（马氏体开始转变的温度）充分匹配时才会有效果。变形量也是一样，只限于在蒸汽膜阶段的冷却速度发挥效果的时候才有用。根据笔者的经验，减压（淬火气氛的压力）下降到图 9.3.1 所示的 1/8 气压（12.5kPa）左右时会有效果，在 1/4 气压（25kPa）左右时没什么效果。关于减少变形问题，对图 9.3.2 所示的尺寸的零件进行渗碳减压淬火时，对于提高真圆度和圆筒度的精度有很大的效果。

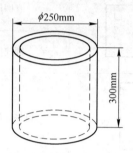

图 9.3.2　利用减压淬火减少变形的实例零件

大气压淬火的情况下，只能进行限于油槽中的淬火油性能的淬火。减压淬火的情况下，使用淬火强烈度（H 值）最高的冷油，通过调整淬火批次的气氛压力，可以将其调整到与半热油以及热油同等性能，甚至是这些油都无法实现的性能。图 9.3.3 所示为冷油分别在大气压以及 66.7kPa、40.0kPa、13.3kPa 压力下和热油在 1 个大气压下的冷却曲线。

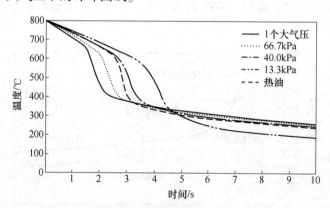

图 9.3.3　淬火的气氛压力和淬火油的性能

如同图 9.3.3 明确显示的那样，使用冷油进行减压淬火时，压力在从 1 个大气压至 40kPa 左右的范围时，可以调整到从冷油到热油的中间程度的冷却性能，压力变为 40kPa 以下时，可以发挥出普通淬火油不可能有的性能。如果结合淬火产品的特性，灵活调整油槽的压力，将有助于减少热处理的变形。

10 齿轮的碳氮共渗

一方面，碳氮共渗从以前开始就作为提高机械强度的热处理方法而广为人知，实际运用的实例也有很多；另一方面，作为机械结构零件的齿轮，为了小型轻量化，提高其点蚀寿命成了重要课题。作为提高齿轮点蚀寿命的对策，可以使用高级材料、进行二硫化钼镀膜、低温硫化处理（电解渗硫处理）、抛丸硬化等处理方法。这些方法都是借助渗碳淬火工序之外的其他工序进行的，无法避开成本增加的问题。因为碳氮共渗是渗碳淬火工序的复合处理，所以，成本压力小。另外，使用热壁型真空渗碳炉进行的碳氮共渗复合处理与以往的以气体渗碳为基础的碳氮共渗不同，能够在完全不发生晶间氧化的情况下实现高强度。

10.1 关于提高齿轮点蚀寿命的看法

齿轮因转动而受到重复的应力，从而出现点蚀，发生毁损。此剥离是以滚动接触面正下方的最大剪切力的作用位置为起点发生的。如图 10.1.1 所示，因接触应力产生的剪切力的中心轴方向的应力分布在距离表面一定深度的地方达到最大，所以，为了防止点蚀，只要确保强度能够承受此应力分布所示的各个位置的剪切力就好了。

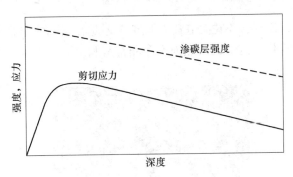

图 10.1.1 齿面的剪切应力

渗碳深度的制定大致与齿轮的齿的大小呈正比。

渗碳深度 = 模数 × (0.15 ~ 0.20)

模数 = 齿轮的直径 / 齿数

装机后齿轮的转动不会处于设计图规定的理想状态。所以，需要在设想或者实测过装机后有可能会产生的问题之后再来研究提高点蚀寿命的对策。

（1）加在齿面上的应力不是均匀的，齿轮的加工精度，热处理变形，轴承的精度、轴的弯曲、外框壳体的弯曲等交叉在一起，齿面受到不均匀的载荷（偏载）。

（2）齿面除了滑动接触外，还会发生由（1）的原因引起的滑动磨损。

（3）装在机器上的齿轮的齿面会产生摩擦热量，因为润滑油冷却程度不同，从而影响齿面的温度，再加上周围环境的影响，齿面会处于高温状态。

10.2 防止晶间氧化

常压气体渗碳时，如图 10.2.1 所示，表面会产生 20μm 左右的晶间氧化，这会成为滑动疲劳破坏的起点或者是传播路径，导致点蚀寿命下降。

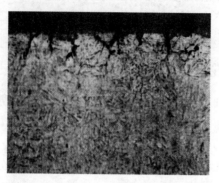

图 10.2.1 常温气体渗碳下渗碳层最表面的晶间氧化（×400）

但是，真空渗碳时，不论是在工艺理论上还是在实际的作业中，如图 10.2.2 所示，全无晶间氧化，这对提高点蚀寿命非常有利。

图 10.2.2 真空渗碳下全无晶间氧化的表面状态（×400）

据说，汽车等齿轮的齿面温度在实际使用中会上升到 300℃ 左右。为了提高高温强度，从图 10.2.3 所示的碳含量和高温回火硬度的关系中得知，进行更高浓度的渗碳是有效的方法。另外，借助碳氮共渗得到的 N 也同高浓度渗碳一样，可以增加回火抗力。

图 10.2.4 所示的是与真空渗碳相结合的碳氮共渗复合处理工艺，图 10.2.5 所示为真空碳氮共渗的表面组织照片，图 10.2.6 所示的是硬度分布。

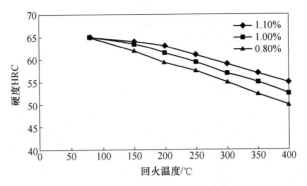

图 10.2.3 碳含量和回火硬度的关系

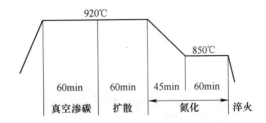

图 10.2.4 真空碳氮共渗的处理工艺

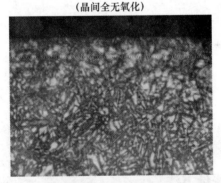

图 10.2.5 真空碳氮共渗的表面组织（×400）

　　碳氮共渗处理会因为氮元素的影响在表面产生残余奥氏体。最表面的残余奥氏体生成处的硬度稍微有点低，在实际使用中虽然会产生初期的滑动磨损，但是，当齿面受到偏载时，会因为这种初期磨损导致齿面的接触面积增加，从而分散了加在齿面上的载荷，缓和了局部的应力集中。表面不存在残余奥氏体、表面硬度高时，不会产生初期磨损，偏载的状态持续下去，从而导致局部有点蚀产生。图 10.2.7 所示为因为偏载导致的局部点蚀的发生状态和初期磨损引起的应

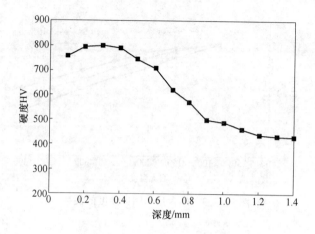

图 10.2.6　真空碳氮共渗的硬度分布

力均匀状态。齿轮咬合时存在一定的齿隙，几个微米左右的初期磨损不会导致功能上的问题。

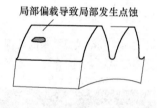

局部偏载导致局部发生点蚀

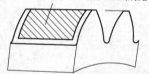

初期磨损引起的载荷均匀化（正常磨损）

图 10.2.7　齿轮的磨损形式

10.3　耐点蚀性的评价方法

　　点蚀性的最终评价需要进行装机试验。装机下的负荷条件会因为齿轮的各种因素以及安装齿轮的机器的不同而千差万别，所以，借助齿轮试验装置等模拟装机条件是非常困难的。例如，使用试验装置进行与装机不同精度的试验，或者试验装置使用大量的润滑油，在与装机完全不同的温度条件下进行的试验，都是没有意义的。有效率的做法是，在把握了装机条件后，通过判定表面的组织并比较内部的硬度分布以及高温回火硬度做第一次判定，拿出对策后再进行最终的装机评价。

感到意外的是，在日本碳氮共渗的运用实例比较少。另外，高浓度渗碳的运用也一样。对于残余奥氏体和渗碳体的产生，大家不也是表现出很厌恶的倾向吗？残余奥氏体的存在是高浓度 C% 的象征，齿轮装机后，因为它既会受到应力，温度也会上升，所以，残余奥氏体会转变为马氏体。更有甚者，过分将齿顶或者角处产生的渗碳体当作问题点，让齿面变为低浓度 C%，从而导致关键的齿面耐久性能的降低。齿轮的齿形和齿向的设计呈现出缓和齿顶或者角处应力的形状，完全没有必要担心齿顶等局部渗碳体的析出会降低冲击值。

后　记

　　本书主要对通过计算确定渗碳淬火的处理条件的方法以及与之相关的技术事项的内容做了说明。笔者认为，虽然现在关于渗碳淬火的技术书籍或者文献已经很多，但是，直接对热处理现场有用的东西却非常少。笔者是怀着本书能对热处理现场有所帮助的想法去执笔的，虽然下了一番功夫，使通过计算确定的结果成为一般通用的平均值，但是，其并非最佳条件。笔者认为，各位读者都有独自的技术性见解，根据所在公司的品质方针和生产方针等的不同，热处理条件也会参照这些方针来加以制定。可能各位读者在读过本书之后也会发现，书中记述的内容是基于现场的经验得出的数据旁证。换言之，也可以说是将技术人员技术性的渗碳淬火的条件制定方法进行了数值化。衷心希望各位参考过本书内容之后，确立起独自的诀窍，实现渗碳淬火技术的进一步发展。

参 考 文 献

［1］ James K Stanley. Metal Progress, 1942, November：849.

［2］ Harris F E. Metal Progress, August, p. 265（1943）.

［3］ Harris F E. Metal Progress, April, p. 683（1944）.

［4］ Harris F E. Metal Progress, June, p. 1111（1944）.

［5］ Harris F E, Groves W T. Metal Progress, September, p. 488（1944）.

［6］ Dawes C, Tranter D F. HEAT TREATMENT OF METALS, 4（April）, p. 121（1974）.

［7］ 石田宪孝. 测量技术（增刊号）, p. 197（1986）.

［8］ 富永博夫, 大岛荣次, 安孙子寿朗, 大野利治, 上原胜也, 功刀泰硕. 化学工学, 33, 4, p. 81（1969）.

［9］ 大西孝治. 催化, 大日本图书, p. 114（1996）.

［10］ 绵拔邦彦, 务台洁. 从基础学起, 通俗易懂的化学, 旺文社, p. 238（1984）.

索　引

附　表

附表1　确定气体渗碳淬火条件的计算（使用 Excel 表计算）

数值输入		计算结果		修订值输入	修订值计算结果	
渗碳炉处理能力/kg	1000	渗碳层前端（内部）的硬度HV	327	327	渗碳层前端（内部）的硬度HV	327
装炉总重量/kg	800	升温时间/min	142	150	升温时间/min	150
C_P稳定时间/min	20	均热时间/min	23	25	均热时间/min	25
淬火油槽温度/℃	100	C_P稳定时间/min	20		C_P稳定时间/min	20
处理品的钢材牌号	SCM415H	渗碳温度/℃	925	930	渗碳温度/℃	930
材料成分/%　C	0.15	渗碳时间/min	73		渗碳时间/min	67
Si	0.25	渗碳工序结束时的表面C/%	1.22		渗碳工序结束时的表面C/%	1.23
Mn	0.73	渗碳工序结束时的全渗碳深度/mm	0.74		渗碳工序结束时的全渗碳深度/mm	0.73
Ni	0.00	扩散温度/℃	925		扩散温度/℃	930
Cr	1.05	扩散时间/min	65		扩散时间/min	58
Mo	0.25	降温时间/min	82	90	降温时间/min	90
质量效应/mm	20	淬火温度/℃	853	850	淬火温度/℃	850
有效硬化深度/mm	0.75	淬火保温时间/min	18	20	淬火保温时间/min	20
有效硬度HV	550	淬火油槽温度/℃	100		淬火油槽温度/℃	100
表面C%目标值	0.80	油槽淬火时间/min	15	15	油槽淬火时间/min	15
		渗碳C_P值	1.22		渗碳C_P值	1.23
		扩散C_P值	0.80		扩散C_P值	0.80

续附表1

数值输入	计算结果		修订值输入	修订值计算结果	
	降温 C_P 值	0.80		降温 C_P 值	0.80
	淬火保温 C_P 值	0.80		淬火保温 C_P 值	0.80
	处理时间合计/min	439		处理时间合计/min	445
	全渗碳深度/mm	1.22		全渗碳深度/mm	1.22
	总渗碳量/%·mm	0.40		总渗碳量/%·mm	0.40
	有效硬化深度的 C/%	0.40		有效硬化深度的 C/%	0.40
	HV550 处的深度/mm	0.75		HV550 处的深度/mm	0.75
	HV550 处的 C/%	0.40		HV550 处的 C/%	0.40
	扩散补正系数 a	753		扩散补正系数 a	753
	渗碳温度扩散系数 k_1	0.67		渗碳温度扩散系数 k_1	0.69
	扩散温度扩散系数 k_2	0.67		扩散温度扩散系数 k_2	0.69
	降温温度扩散系数 k_3	0.54		降温温度扩散系数 k_3	0.54
	淬火保温扩散系数 k_4	0.42		淬火保温扩散系数 k_4	0.42

修订值计算结果的主要数值

注：计算结果的数值是进行过标准回火（170℃×2h）后的数值。

附表 2　确定真空渗碳淬火条件的计算（使用 Excel 表计算）

数值输入		计算结果		修订值输入		④修订值计算结果	
渗碳炉处理能力/kg	1000	渗碳层前端（内部）的硬度 HV	377	渗碳层前端（内部）的硬度 HV	377	渗碳层前端（内部）的硬度 HV	377
装料总重量/kg	800	升温时间/min	152	升温时间/min	160	升温时间/min	160
处理品的总渗碳表面积/m²	15	均热时间/min	23	均热时间/min	25	均热时间/min	25
淬火油槽温度/℃	100	渗碳温度/℃	946	渗碳温度/℃	950	渗碳温度/℃	950
处理品的钢材牌号	SNCM420H	渗碳时间/min	92			渗碳时间/min	86
材料成分/% — C	0.20	渗碳工序结束时的表面 C/%	1.28			渗碳工序结束时的表面 C/%	1.29
材料成分/% — Si	0.25	渗碳工序结束时的全渗碳深度/mm	0.80			渗碳工序结束时的全渗碳深度/mm	0.79
材料成分/% — Mn	0.55	吸附分解的 C 量/%·mm·脉冲$^{-1}$	0.0060			吸附分解的 C 量/%·mm·脉冲$^{-1}$	0.0060
材料成分/% — Ni	1.78	C_2H_2 脉冲次数	71.5			C_2H_2 脉冲次数	71.6
材料成分/% — Cr	0.50	C_2H_2 脉冲间隔间/s	77			C_2H_2 脉冲间隔间/s	72
材料成分/% — Mo	0.23	C_2H_2 量/L·脉冲$^{-1}$	16.6			C_2H_2 量/L·脉冲$^{-1}$	16.6
质量效应/mm	20	扩散温度/℃	946			扩散温度/℃	950
有效硬化深度/mm	1.00	扩散时间/min	132			扩散时间/min	118
有效硬度 HV	550	降温时间/min	137	降温时间/min	150	降温时间/min	150
表面 C% 目标值	0.80	淬火温度/℃	826	淬火温度/℃	830	淬火温度/℃	830
		淬火保温时间/min	30	淬火保温时间/min	30	淬火保温时间/min	30

续附表 2

数值输入	计算结果	修订值输入	修订值计算结果
淬火油槽温度/℃	100		100
油槽淬火时间/min	15	15	15
处理时间合计/min	581		584
全渗碳深度/mm	1.43		1.43
总渗碳量/% · mm	0.43		0.43
有效硬化深度的 C/%	0.38		0.38
HV550 处的深度/mm	1.00		1.00
HV550 处的 C/%	0.38		0.38
扩散补正系数 a	608		608
渗碳温度扩散系数 k_1	0.64		0.66
扩散温度扩散系数 k_2	0.64		0.66
降温温度扩散系数 k_3	0.45		0.46
淬火温度扩散系数 k_4	0.30		0.31

修订值计算结果的主要数值

处理温度/℃　处理时间/min
升温 160　均热 25　950　C_2H_2脉冲次数 71.6　C_2H_2脉冲间隔时间/s 72　C_2H_2量/L·脉冲$^{-1}$ 17　渗碳 86　扩散 118　830　降温 150　淬火保温 30　100　15　淬油　处理时间合计 584　回火 170℃ 2h

注：计算结果的数值是进行过标准回火（170℃×2h）后的数值。